高水平科技论文
写作与投稿二十讲

Twenty Lectures on Writing and Submitting High Level Scientific Papers

中国有色金属学报（中、英文版）编辑部
彭超群
编著

中南大學出版社
www.csupress.com.cn
·长沙·

图书在版编目(CIP)数据

高水平科技论文写作与投稿二十讲 / 中国有色金属学报(中、英文版)编辑部 彭超群编著. --长沙: 中南大学出版社, 2024.12.

ISBN 978-7-5487-6008-5

Ⅰ. G301

中国国家版本馆 CIP 数据核字第 20243QY339 号

高水平科技论文写作与投稿二十讲

GAOSHUIPING KEJI LUNWEN XIEZUO YU TOUGAO ERSHIJIANG

中国有色金属学报(中、英文版)编辑部　彭超群　编著

□**出 版 人**　林绵优
□**责任编辑**　史海燕
□**责任印制**　李月腾
□**出版发行**　中南大学出版社
社址：长沙市麓山南路　　邮编：410083
发行科电话：0731-88876770　　传真：0731-88710482
□**印　　装**　湖南省众鑫印务有限公司

□**开　　本**　710 mm×1000 mm 1/16　□**印张** 14.5　□**字数** 251 千字
□**互联网+图书　二维码内容**　图片 827 张
□**版　　次**　2024 年 12 月第 1 版　□**印次** 2024 年 12 月第 1 次印刷
□**书　　号**　ISBN 978-7-5487-6008-5
□**定　　价**　56.00 元

前言

Foreword

学术论文通常包括研究思路、设计、目的、方法、内容、结果、讨论、参考文献、作者、机构、来源期刊等要素，是一个涉及诸多方面的综合性概念。根据学科特点，学术论文可归纳为三大类：理工类，包括理工农医；社科类，包括经管法教；人文类，包括文史哲艺。我国属于发展中国家，学科侧重点在理工类。

国与国之间的竞争，归根结底是科技的竞争，而科技的竞争实质上是人才的竞争。科技人才是经济社会发展的重要推动力量，具有科学技术知识、创新意识和创造能力的科技人才已成为最有价值的资本和核心资源，是经济增长的主要源泉和主体要素。在科技期刊上发表论文的数量和质量是评价一个人或一个学术机构的重要指标，受到社会和学术界的高度重视。通过对高质量科技期刊主流作者的关注可以发现和培养人才，通过对主流作者发表论文的状态可以判断其对科学的认知和从事研究工作的经历及水平，是客观学术评价的基础。

科技论文对学术交流和互鉴、知识积累和传播起着不可替代的重要作用，对青年学者而言，甚至存在“不发表就出局”的危险。学会准确、清晰、简洁地表达思想和观点，是科技工作者在科研生涯中必经的漫长、艰辛而有意义的修行。写论文难不难？“为之，则难者亦易矣；不为，则易者亦难矣。”“路虽远，行则将至；事虽难，做则必成。”中国古代先贤陆游的“古人学问无遗力，少壮工夫老始成”指出了治学之难，林则徐的“海到无边天作岸，山登绝顶我为峰”表明了治学之志，韩愈的“书山有路勤为径，学海无涯苦作舟”指明了治学之路，王安石的“不畏浮云遮望眼，自缘身在最高层”表达了治学之乐。

只要有好的研究工作，写论文不过就是把研究工作描述出来。写论文很容易，但如果没有研究工作支撑的话，写论文就很难。论文是“做”出来的而不是“写”出来的。如果研究工作充实，且掌握了写作技巧，写作便是水到渠成的事情。对作者发表论文而言，一方面应尽可能地向广泛的受众(编辑、审稿人、读者)传递论文的重要贡献，另一方面要说服专家认同研究成果。写作即是交流，就是讲一个个科研工作的故事。因此，读者的体验至关重要，所有的写作都应为这一目标服务，写作时应当时刻将读者铭记在心。

开始写作时，需要考虑4个基本问题：

(1)为什么要开始写作?

(2)做了什么?

(3)发现了什么?

(4)研究有什么意义?

若希望撰写一篇高质量科技论文，应当牢记“4C”标准：

(1)Clarity(清晰)——思路清晰、概念清楚、层次分明、语言流畅。

(2)Completeness(完整)——内容完整、结构完整匀称。

(3)Correctness(正确)——科学内容正确(不出错)、资料数据正确(数据可信)、语言正确(无语法错误)。

(4)Conciseness(简洁)——论述深刻，充分揭示其科学内涵，使用定量方法。

论文完成后，投稿能否成功，能否在高水平期刊上发表，关键在于其是否能够体现出“三性”，即创新性、科学性和规范性。

(1)创新性，侧重指论文的内容。创新是根本，它既是期刊的核心要求，也是学术论文的灵魂。“无中生有”是创新；“有中生新”是创新；交叉综合是创新；另辟蹊径是创新；新视角、新思维、新见解是创新；新材料、新方法、新工艺也是创新。

(2)科学性，侧重指论文的论证。科学性是关键。从全文看，作者需要交代研究背景、阐述研究目的、理清逻辑思路、突出研究重心、整理报告成果、系统提供资料、严格推导论证过程、核查结果和结论、客观评价研究价值等，从而使论文具有科学性。

(3)规范性，侧重指论文的写作。语言规范是基础。文稿中的语言文字、标点符号、写作体例、学科的名词术语、数字与变量符号的用法、参考文献的著录规则等，这些方面的问题都须逐一核查、修改，使之符合出版标准。

本书基于"高水平科技论文写作与投稿系列讲座"(简称"系列讲座")撰写而成，分二十个主题系统阐述科技论文的写作、投稿与发表，集中反映了作者长期从事学术期刊出版和编辑学研究的成果。《中国有色金属学报》编辑部主任王超编审参与了"系列讲座"的策划、宣传并担任主持，对本书的写作也有贡献。本书对期待发表高水平科技论文的博士、硕士研究生和青年科技工作者具有重要指导作用，对从事科技期刊出版的青年编辑具有重要参考价值。本书配备有相应的PPT，可用作高等学校科技论文写作课程的教学参考书。

"系列讲座"直播得到了科研云直播、中国知网直播课、中国有色金属学会视频号、有色牛视频号的大力支持和技术支撑，观众总人数超过50万人次。"系列讲座"直播和本书的出版得到了期刊主办单位中国有色金属学会和作者单位中南大学出版社以及众多好友的鼓励和支持。在此，作者衷心感谢主办单位、出版单位、四大直播平台和各位好友，特别是中国有色金属学会高焕芝副理事长兼秘书长、中南大学出版社杨保华副社长、史海燕编辑、曾婧博士、蔡美信子，正是由于上述机构和个人的大力支持，"系列讲座"直播和本书的出版才能顺利完成！

目录

Contents

第一讲

如何准备和发表高水平科技论文

PPT

导读

近年来，国家多部委倡导“反四唯”“反五唯”，其中都包括“反唯论文”，其目的是反对科研评价和人才评价“唯论文论”，而不是不要论文。科技论文对学术交流和互鉴、知识积累和传播起着不可替代的重要作用，对青年学者而言，甚至存在“不发表就出局”的危险。写论文难不难？“为之，则难者亦易矣；不为，则易者亦难矣。”“路虽远，行则将至；事虽难，做则必成。”本讲阐述科学研究和发表论文的目的、撰写高水平论文的基本准则、高质量学术论文准备方法、投稿期刊选择和投稿流程，以及不合格论文的典型特征。

1 科学研究和发表论文的目的

科学研究包括基础研究、应用研究和开发研究。

基础研究主要探讨新理论、新原理，目的在于发现新的科学领域，为新的技术发明和创造提供理论前提。没有科学研究就没有技术进步。反之，技术的进步也会推动科学的发展。

基础研究通常与实际应用有较大距离，只有很少的研究工作能很快进入实际应用，见图 1。从基础研究到工业应用的途径为：前沿研究→实验室成熟技术/工业界新技术→工业界成熟技术。

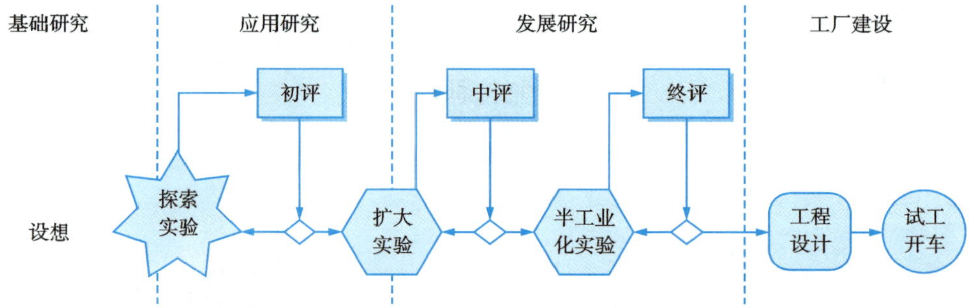

图 1 从基础研究到产品生产的发展途径

除大学外，还有许多以重点目标和任务为导向的机构也展开高水平的研发工作。但大学里的科研有一个根本的不同，“大学”这个含义里的科研，是要为全人类创造公共知识产品，大学里的科研常有教育属性。

大学里老师和学生发表论文的根本目的是广义的“教育”——把我们的发现、发明、心得，还有思想，教给其他研究者，还有将来的同行，让他们从中受益，以推进他们的工作，所以发表论文的目的是分享、教学和教育。(So we publish to share, to teach and educate.)

2 撰写高水平论文的基本准则

只要有好的研究工作，写论文不过就是把工作描述出来，写论文就很容易，但如果没有研究工作支撑的话，写论文则很难。

论文是“做”出来的而不是“写”出来的。如果研究工作充实，且掌握了写作技巧，写作则是水到渠成的事情，“写”的时间其实可能只占10%。

对作者发表论文而言，一方面应尽可能地向广泛的受众(编辑、审稿人、读者)传递论文的重要贡献，另一方面要说服专家认同研究成果。

写作即是交流，就是讲一个关于科研工作的故事。因此，读者的体验至关重要，所有的写作都应为这一目标服务。写作时应当时刻将读者铭记在心，遵循以下10条规则可避免读者流失。

(1)论文要有一个明确的中心思想，中心思想要体现在论文的标题中。

标题是论文中最重要的要素——想一想阅读标题与论文数量的比例吧。标题作为读者第一眼看到的东西，直接决定了他们是否会继续花时间阅读摘要。因此标题应该浓缩论文的核心思想。

(2)为那些不清楚作者工作的有血有肉的人们写作。

作者是世界上最了解自己所做工作的专家，因此也成为了最不合格的读者，他无法从不了解其工作的读者角度去评判论文。试着站在一个“懵懂的”读者角度去思考这一论文，让读者更轻松、快速且不费力地抓住信息。

(3)坚持背景—内容—结论(CCC)的结构组合。

CCC是指Context、Content和Conclusion。这样的结构可以降低读者产生疑惑的概率，适用于有耐心、决定花时间理解论文的读者。建议将CCC结构作为科学文献的默认结构。不按照CCC结构写作的论文往往难以阅读。CCC结构在多个尺度上定义了论文的结构。从整篇论文来说，引言设定了背景，实验结果是论文内容，讨论得出结论。从段落来说，首句定义主题或背景，主体部分提供引发读者思考的新颖观点，末句则为读者提供需要记住的结论。

(4)优化行文逻辑：使用平行叙述，避免曲折表达。

论文中只有中心思想应该多次被提及。相关的句子与段落应该连贯，避免被不相关的内容打断。对于连续的段落或句子，平行的信息应该使用平行的形式来阐述。这种表达方式使读者更加熟悉结构，使论文更容易阅读。避免使用不同的词语指代同样的概念，以及相同的词语指代不同的概念。

(5)在摘要中讲述完整故事。

对于大多数读者来说，摘要是论文中唯一会被阅读的部分，这意味着摘要中必须有效呈现论文的所有信息。为实现这一目标，摘要的结构必定是高度保守的。首先，背景必须解释清楚论文即将填补的空缺，帮助读者分辨论文所表述的贡献。其次，内容首先描述的是能够让作者回答这一空缺/问题的新颖方法或者途径。最后，结论部分通过阐明结果，从而回答在背景部分提出的问题。

(6)在引言中解释清楚为什么这篇论文至关重要。

引言突出体现了存在于现有知识或者方法中的空缺和它为何如此重要。这通常是由一系列渐进的更为精确的段落来完成的，这些段落最终会以对文献中空缺部分的清晰阐述而结束，另一段落会紧随其后，对论文如何填补空缺进行总结。引言中不应涉及与主题无关的文献综述。引言的最后一段，简单总结用于填补上述空缺的结果。

(7)依据一系列的叙述阐明结果，建立相互印证、支持中心思想的基础。

结果章节需要说服读者相信，中心思想是有数据和逻辑支持的。每一个科研论据都有它自己独特的逻辑结构，其可以决定各要素的呈现顺序。

(8)讨论这一空缺如何被填补，说明诠释中的限制点以及同领域的相关性。

讨论部分解释为什么结果能够填补引言中确认的空缺部分，为诠释说明提供预警，以及描述该篇论文如何通过创新推动相关领域的发展。

(9)将时间分配到重要的部分：标题、摘要、图表和提纲。

阅读标题的人远比阅读摘要的人要多，而阅读摘要的人远比阅读论文剩余部分的人要多。在撰写章节之前先进行文本规划，大纲先行。

(10)获得反馈从而对整个故事进行精准描述。

作为一个作者，如果不能够在几分钟之内描述出论文的大纲，那么很明显读者也无法做到。可以请同事帮助修改论文，记住维护这些人脉，在必要时刻回报他们并且阅读他们的原稿。

3 高质量学术论文准备方法

3.1 高质量学术论文的“4C”标准

高质量学术论文应满足“4C”标准：

(1)清晰(Clarity)——思路清晰、概念清楚、层次分明、语言流畅。

(2)完整(Completeness)——内容完整、结构完整匀称。

(3)正确(Correctness)——科学内容正确(不出错)、资料数据正确(数据可信)、语言正确(无语法错误)。

(4)简洁(Conciseness)——论述深刻,充分揭示其科学内涵,使用定量方法。

应避免出现下述问题:

(1)科学素材不足以支撑结论或新发现,未能提炼升华。

(2)内容无新意,重复他人工作。

(3)英文写作表达冗余,不注意细节,如论文格式不符合投稿期刊要求、文与表数据不一致等。

(4)修改粗糙,对审稿意见回复不到位,应付了事。

(5)存在学术不端行为。

3.2 高质量学术论文的写作

3.2.1 写作前的准备

(1)制定写作计划。明确目标,合理利用和管理时间,提高效率。

(2)确定写什么,如何写。考虑4个基本问题:

为什么要开始写作?——引言(Introduction)。

做了什么?——材料与方法(Materials and methods)。

发现了什么?——结果(Results)。

它的意义是什么?——讨论(Discussion)。

(3)决定作者名单。署名不仅意味着荣誉和利益,同时也表明了责任,应根据论文的实际贡献决定署名作者次序。

(4)正确表述作者地址和姓名。请注意:

标注通信作者,一篇论文的通信作者通常在2人以内。

提供通信作者邮箱,给出详细通信地址。

作者单位发生变化时,应在脚注中标注新单位。

3.2.2 论文写作

(1)标题(Title)。标题需要以最少数量的单词充分表述论文的内容,吸引读者,以利于文献追踪或检索。其基本要求为:

准确(Accuracy):忌空泛、一般化、繁琐。

简洁(Brevity):中文一般不超过25个汉字,英文不超过100个字符(含空格和标点)。

清楚(Clarity):重点突出。

(2)摘要(Abstract)。摘要以提供论文内容概要为目的,其基本要素包括目的、方法、结果和结论。在写摘要时需要注意:

尽量包括主要论点和重要细节(重要的论证或数据)。

表达准确、简洁、清楚。

字数和形式的要求符合《作者须知》。

(3)关键词(Keywords)。关键词一般选取自论文标题、摘要或者该领域的学科名称,需要具备以下特点:

关键性,对全文内容具有串联作用。

便于检索和索引,易于计算机技术处理。

原则上必须是名词或者名词性词组。

(4)引言(Introduction)。引言的作用是介绍研究背景,提出研究问题,阐述研究目的。

(5)材料与方法(Materials and methods)。

撰写该部分时应做到:

对材料的描述应准确,包括数量、来源、准备方法等,且应采用国际同行所熟悉的通用名称。

对方法的描述要详略得当、重点突出,提供便于同行能够重复实验的足够多的细节;描述选择特定方法的理由,避免描述结果和发现。

(6)结果(Results)。结果需要对数据进行高度概括和提炼,并突出具有科学意义和代表性的数据,根据表达的需要适当采用文字与图表结合的方式展示。表格可以列举大量精确的数据或资料,强调精确的数值。插图可以直观有效地展示复杂数据,强调数据的分布特征或变化趋势,是表格的直观化。

(7)讨论(Discussion)。撰写该部分内容时应做到:

对结果的解释应简洁、清楚。

重点突出,集中于作者的主要论点。

尽量给出研究结果所能反映的原理、关系和普遍意义。

推论符合逻辑,避免结果不足以支撑结论,避免夸大其词。

说明作者的观点或结论与已有的认识是否一致。

(8)结论(Conclusions)。结论强调最重要的结果及其内涵,对研究的局限性进行分析并对可能的应用前景进行展望，注意不能简单地重复前文中的句子。

(9)参考文献(References)。撰写该部分时应做到：

与论文主题密切相关，可适量引用高水平的综述。

亲自阅读过，若为间接引用，需要提及转引的文献。

引用已公开出版、便于查找的文献，避免引用非公开出版物。

同等重要的论文，最新发表的、著名期刊的优先引用。

一般不引用专利和教材等。

避免过多/不必要地引用作者本人的文献。

确保各著录项正确无误。

格式符合期刊要求。

4　投稿期刊选择和投稿流程

4.1　投稿期刊选择

为了确认哪些期刊能够发表自己的论文，首先必需确定稿件的主题是否适合期刊所规定的范围：

(1)根据自己的阅历进行初步的判断，必要的时候可以征询导师、同行的意见。

(2)认真阅读目标投稿期刊的《作者须知》或《征稿简则》，尤其注意其中有关刊载论文范围的说明。

(3)仔细研读最近几期目标投稿期刊所刊载的相关论文，以确认其是否与自己稿件的内容相似。

(4)避免过于看重期刊影响因子，由于不同学科期刊的影响因子存在很大差异，有时某期刊的影响因子很高，作者所投稿件涉及的工作也很优秀，但因期刊与稿件的主题不符，使得稿件难以得到录用和发表。

此外，选择投稿期刊时，还应考虑期刊的读者群和显示度，期刊的学术质量、影响力和录用率，期刊的编辑技术和印刷质量，以及期刊是否收取版面费。

4.2　投稿流程

为了保证发文速度和论文的时效性，投稿过程中每一个步骤都有时间限制。投稿流程总结如下：

(1)作者通过投稿系统进行投稿。一般要提交作者的信息、版权声明、论文全文、辅助信息等，还有一封写给编辑的投稿信，主要强调论文研究的重要性，突出论文的特点。

(2)编辑收到投稿后，先对论文的内容进行判断，看是否符合期刊征稿范围，再检查格式是否符合要求、内容是否齐全。初步判断论文的水平是否和期刊的水平相符，在这一步将有一些论文被直接拒稿。编辑如果对论文的评价比较好，就会选择两三个审稿人，进一步审核稿件质量。

(3)审稿人收到稿件后会仔细阅读论文，然后对稿件是否录用提出意见并给出理由。

(4)审稿人将意见返回给编辑，编辑综合几个审稿人的意见，给出最终的审稿意见。审稿意见可以分为修改(大修、小修)、接收和拒稿三类。

(5)对于退修的论文，作者需要根据审稿人的意见，对论文进行逐条修改，并且返回给编辑。

(6)编辑再将修改后的论文返给审稿人。

(7)如果审稿人对论文的修改表示满意，就会同意接收；如果审稿人仍有意见，就会返给作者再修改，直到审稿人满意。

在这个过程中，编辑不仅是作者和审稿人之间的联系纽带，其对论文的意见也十分重要。有时编辑也会向作者提出问题，这些问题作者也要认真回答，如果编辑给的意见是拒稿，则需要重新找其他期刊投稿。

5 不合格论文的典型特征

5.1 选题意义和严谨性不够

论文选题应有创新性、关键性和可行性。

选题问题主要表现为：①选题的意义不大，没有明显的研究价值；②论文立题不规范，论题太宽泛或所述不明，没有聚焦论点。

5.2 论文创新性和价值不高

论文的创新性和价值，是论文立论的依据与落脚点。论文的创新性体现在研究思路的创新、内容的创新、方法的创新、结论的创新等多方面。论文的价值体现在研究结论的可靠性和对现实问题的指导意义上。

论文的创新性不足，难以区别出其与以往研究的不同之处和创新点；论文结论缺乏针对性和科学性，没有达到研究应该有的价值水平，或研究结论不可靠，研究成果价值很低。

5.3 作者科研能力不足

(1)分析问题、解决问题的能力不足。主要体现在：文不对题；概念界定不清晰；论述不严谨、不充分，推理不严密；理论性或研究深度不足；研究重点不突出。

(2)研究方法的科学性不足。主要体现在：研究方法单一或不恰当；数据不够真实有效；样本选取的科学性不足。

(3)学科基础知识的系统性和扎实性不足。主要体现在：作者掌握的学科基础知识不扎实、不系统，学科基础知识薄弱，甚至出现一些常识性错误。

(4)论文结构不严谨。主要体现在：论文的结构安排不合理，缺乏严谨性和科学性；层次结构设置逻辑性不强，论文拼凑痕迹明显。

5.4 论文规范性欠缺

论文的规范性是论文学术规范的基本要求。论文规范性欠缺包括：

(1)格式不规范。主要指论文的摘要、关键词、层次结构、正文、参考文献等格式不规范。

(2)语言不规范。主要体现在论文语言表达的准确性、简洁性与学术性存在缺陷，即语言表达不清晰、口语化现象严重、写作欠简洁、标点符号使用不规范、有错别字或翻译不正确等语言上的疏漏。

(3)引证不规范。引证不规范也是很多不合格论文的共性问题，包括论文数据和引用文献没有标注来源，以及参考文献的罗列不规范。

5.5 文献综述质量较低

文献综述部分的撰写，直接影响到论文的整体质量水平。许多不合格论文都存在参考文献数量不足和综述部分撰写水平较低的现象。

参考的文献数量不足、阅读量不够，导致很多作者对学科或论题所涉及的学科发展状况和国内外的研究动态了解不够，无法全面评判该研究领域的发展现状。

文献综述撰写水平低，直接表现为文献综述结构混乱，没有对相关研究问题的研究脉络、研究进展和研究不足等问题进行宏观和深入的把握，仅停留在资料的罗列和简单的分析上。

5.6 作者学术态度和学术行为不端正

学术态度和学术行为是决定研究和论文质量最根本的因素。存在的问题主体表现在：

(1) 工作量不足。即论文在撰写过程中，作者没有付出必要的时间和精力去完成论文的研究和撰写工作，而是仓促写成，敷衍了事。

(2) 存在抄袭现象。即抄袭他人的研究成果或直接照搬相关的文献资料。

第二讲

掌握英文正确表达　提高论文初审通过率

PPT

导读

一篇优秀的科技论文是创新的学术内容、严谨的行文规范和流畅的语言表达等的完美结合。英文写作是编辑初审时重点考察的项目之一，正确的英文表达可增强论文可读性，提高论文初审通过率。就《中国有色金属学报(英文版)》而言，因为英文表达问题较多而初审退稿的比例超过总量的三分之一。本讲阐述英文时态使用、标点符号使用、数字用法、冠词使用、常见转承词语、不完全列表和完全列表，易混淆、滥用的单词和短语，以及应该避免使用的短语。

1 时态使用

在 IMRaD(Introduction, Methods, Results and Discussion)论文结构中，不同的章节需要使用不同的时态。

1.1 前言部分

使用一般现在时叙述：

(1)进行研究的目标。

(2)该主题中已经为人熟知的文献。

(3)普遍已知且不太可能改变的事实(如:The Earth revolves around the sun.)。

(4)过去研究中相信是对的结果，而且跟要报告的研究相关。

使用一般过去时叙述：

(1)过去人们所认为是真的，但已经被推翻的事实(如：Bats were thought to be blind.)。

(2)先前研究中使用的方法。

1.2 文献回顾部分

使用一般过去时谈论主题中已有的研究，但有时候可能需要混用时态：

(1)聚焦在研究本身或研究的作者上时，使用过去时。

(2)使用现在时分享个人对有问题的研究的观点。

(3)使用现在完成时引用最近刚完成的既有研究(如：Recent studies have shown that ...)，或将领域内过去的研究普遍化(如：Several researchers have studied these stimuli ...)。

1.3 材料和方法部分

(1)使用一般过去时来叙述，例如做了什么、怎么做的，因为这些行动在写作的时候都已经完成了。

(2)只在必要时使用过去完成时，叙述早期阶段的实验程序(如：Subjects who had been assigned to the control group were given a placebo instead of Drug A.)。

1.4　结果部分

(1)使用过去时叙述写作当下已经完成的实验。

(2)使用现在时参照用来呈现结果的图表(如：Fig. 3 shows that ...)。

(3)也可以将现在时用在指称整篇论文时(如：Section 4.1 discusses ...)。

1.5　讨论部分

(1)使用过去时总结研究发现。

(2)使用现在时阐释研究结果，讨论发现的重要性，或是呈现结论。

(3)使用未来时给未来的研究提供建议，或是指出根据文中的结果，未来可以采取的措施或行动。

2　标点符号使用

2.1　逗号

(1)引导副词或者短语放在句首时，后面接逗号。

例如：However, the public is being inundated with stories about cancer-causing chemicals.

例如：After 3 months, the plants grown under phosphorus-deficient conditions were evaluated.

类似地，副词 therefore、thus、nevertheless 等放在句首时，后面接逗号。

(2)当有三个及以上并列结构时，并列连词前需要加逗号(又称为连续逗号)；仅有两个并列结构时，不能用逗号。

例如：Water, sodium hydroxide, and ammonia were the solvents.

例如：The red needles were collected, washed with toluene, and dried in a vacuum desiccator.

(3)动词(谓语)和主语之间不要加逗号。

例如：The addition of substituted silanes to carbon-carbon double bonds, has been studied extensively. (错误)

The addition of substituted silanes to carbon-carbon double bonds has been studied extensively. (正确)

(4) et al. 之前不接逗号，除非有其他特别原因。

例如：Saltzman et al. ; Saltzman, M. J. et al. ; Saltzman, Brown, et al.

(5) 日期后接逗号，如果只有月份没有日期，不用逗号；当句子中给出完整的年月日，那么年份后面也要接逗号。

例如：June 15, 1996; June 1996; On August 18, 1984, an extraordinary person was born.

(6) 当地理位置作为句子的一个部分，且其中包含逗号时，名称后也要接逗号。

例如：Iona College, in New Rochelle, New York, is the CEO's alma mater.

(7) 采用逗号为句子插入引用语，但是当引用语作为主语时，不接逗号。

例如：In the words of Pasteur, "Chance favors the prepared mind."

"Chance favors the prepared mind" is a translation from the French.

2.2 句号和分号

(1) 除非引起歧义，否则单位简称后面不要接句号。

特例：inch (in.), atom (at.), number (no.)

(2) 姓名简写要用句号和空格隔开，但是在"acknowledgement"部分不需要空格。

例如：J. E. Lennard-Jones; M. S. Newman; R. C. McD. and C. R. thank Dr. Rose Allan for carefully reading the manuscript.

(3) 机构名的简写后不用加句号。

例如：ACS; CNRS; NASA

(4) 没有连词的独立分句 (independent clauses) 之间，加分号；采用连接副词或者过渡语"that is" "however" "therefore" "hence" "indeed" "accordingly" "besides" "thus"等连接的独立分句之间，加分号。

例如：All solvents were distilled from an appropriate drying agent; tetrahydrofuran and diethyl ether were also pretreated with activity I alumina.

例如：The rate at which bleaching occurred was dependent on cluster size; that is, the degradation of the mononuclear cluster was about 5 times faster than that of the tetra nuclear cluster.

(5) 从属小句和独立分句之间不能接分号。

例如：The activity on bromopyruvate was decreased; whereas, the activity on pyruvate was enhanced.（错误）

The activity on bromopyruvate was decreased, whereas the activity on pyruvate was enhanced.（正确）

3　数字用法

基于 ACS style（American Chemical Society Style，美国化学会格式），英文论文中涉及数字的时候需要注意下述事项。

（1）除了%、$ 和角度单位“°”“′”“″”之外，使用其他量度或时间单位时，数字和单位之间必须有空格。

错误用法：10mg，错误原因为 10 和 mg 之间应该加上空格；20 %，错误原因为 20 和%之间不能有空格；$ 250，错误原因为 $ 和 250 之间不能有空格。

正确用法：10 mg，100 mL，30 mol，20 mm，10%，30° 15′ 33″，$250，50 ℃。

（2）当没有特别技术含义（nontechnical sense）时，不需要采用数字加单位的形式，相反，应该将数字及单位拼写出来。

例如：If you take five minutes to read this article, you'll be surprised.

（3）除了时间和量度单位之外，其他物理量的表示方法如下。

①基数小于 10 时，采用单词来表示数值；当基数大于等于 10 时，采用数字来表示。

例如：three flasks; 30 flasks; seven trees; 20 trees

②序数小于 10 时，采用单词“first”到“ninth”来表示；序数大于等于 10 时，采用数字 10th 等来表示。

例如：six fold; 20-fold; eighth example; 33rd example; first century; 21st century

③当一组数值中包含一个数字大于等于 10 时，所有数值都用数字表示。

例如：5, 8, and 12 experiments; 2nd and 20th samples

④当一个句子的并列结构中包含多个数值时，如果其中一个数值大于等于 10，所有数值都用数字来表示。

例如：Activity was reduced in 2 pairs, not significantly changed in 11 pairs, and increased in 6 pairs.

⑤当一个数值非常大且没有特别技术含义时，采用数字和单词组合的形式。

例如：180 million people；$15 million（not 15 million dollars）

(4)当一个句子以具体数值开始时，数字和单位都要拼写出来。

例如：Twelve species were evaluated in this study.

例如：Twenty-five milliliters of acetone were added，and the mixture was centrifuged.

但是如果有可能，尽量重新安排句子结构以避免用具体数值作为句子的开头。

例如：Acetone（25 mL）was added，and the mixture was centrifuged. 或者，

A 25 mL portion of acetone was added，and the mixture was centrifuged.

只有开头数值的数字和单位拼写需要拼写出来，句子中其他位置的数值不需要拼写出来，应该采用正确的数字+单位形式。

例如：Twenty-five milliliters of acetone and 5 mL of HCl were added.

Three micrograms of samplewas dissolved in 20 mL of acid.

4 冠词使用

关于是否使用冠词，莫雷(http://www. phrasebank. manchester. ac. uk/)对使用可数名词(countable nouns)、不可数名词(uncountable nouns)还是名称(names)，给出了一些简单的规则，可以在很多情况下帮助我们正确使用冠词。

4.1 可数名词前冠词的使用与单复数有关

所有单数可数名词前都得有一个修饰语(modifying word)，在语法中称为限定词(determiner)，通常是冠词(a/an，the)。即使这些单词前面有不可数名词或形容词，仍然需要限定词。例如：

(1)the green house effect，the transport system，the control group

(2)a high level，asystematic approach，a rigorous study，an exploratory investigation

(3)She owns a cat.

(4)I work on a golf course.

(5) The house on that corner once belonged to Charles Dickens.

(6) May I borrow an egg?

(7) He is an arrogant critic.

4.2　复数可数名词有加定冠词和不加两种情形

其一，如果复数名词属于一个特定的群组，那么应使用定冠词。例如：

(1) The books in this collection were published in the 19th or early 20th century.

(2) The students in our university should take courses for writing and communications.

其二，如果复数名词不属于一个特定的群组，则不使用冠词。例如：

(1) Learners tend to remember new facts when they are contextualized.

(2) Students must learn how to write and communicate.

4.3　不可数名词一般不与冠词连用

不可数名词一般不与冠词连用。例如：

(1) Science has been defined as a systematic approach to answering questions.

(2) Reliability is an important quality of any test.

但是，如果不可数名词有后修饰结构 of ... 或 which ... 等，那么通常要使用定冠词。例如：

(1) The science of global warming is a complex and controversial area.

(2) The reliability of this instrument is poor.

(3) Chemistry is the science which addresses the composition and behavior of matter.

4.4　名称和头衔等前通常不加定冠词

例如：Manchester University，Manchester。但是，如果名称短语包含一个后修饰结构(of ...)或者如果它们包含像组织、机构或协会这样的词，就需要添加定冠词，例如：

(1) The University of Manchester，The United States of America.

(2) The World Health Organization，The American Heart Association，The Royal Society，The SETI Institute.

4.5 迈克尔给出的一些规则

下面介绍上面没有提到的规则。

其一，有时一些现象特指属于现在，如天气，此时也应加定冠词。例如：

(1) The weather is very pleasant today.

(2) The wind is strong.

(3) The temperature is high.

其二，如果一个名词第一次出现时需要用不定冠词，那么其第二次出现时则需要使用冠词。例如：

(1) We visited a palace on our vacation. The palace was built in 1546.

(2) We also went to a concert. The concert was too loud for me.

其三，如果表示通用意义，如乘坐某类交通工具、吃饭，则不需要使用冠词。例如：

(1) She eats breakfast at home.

(2) She traveled to college by train.

(3) I prefer folk music.

(4) She is taking lunch.

5 常见转承词语

(1) 表示举例(example)：for example, for instance, as an illustration, to illustrate, namely, that is, for one thing, a case in point 等。

(2) 表示增补(addition)：in addition, furthermore, moreover, and, also, or, too, besides, again, what's more, likewise 等。

(3) 表示强调(emphasis)：in fact, as a matter of fact, in other words, of course, certainly, above all, indeed, clearly, surely, in particular, obviously, naturally, anyway, in this case 等。

(4) 表示对照(contrast)：while, whereas, in contrast, on the one hand ... on the other hand, instead, on the contrary, in spite of, despite, but, however, although, still, yet, nevertheless, conversely, otherwise 等。

(5) 表示比较(comparison)：similarly, in the same way, even though, at the same time, not only ... but also, likewise, meanwhile 等。

(6)表示让步(concession)：although，after all，it is true(that)等。

(7)表示原因(cause)：for this reason，because of this，because，since，as，for，due to，owing to，thanks to 等。

(8)表示结果(consequence)：thus，hence，therefore，accordingly，consequently，so，in this way，as a result 等。

(9)表示次序(order)：first，second，first of all，to begin with，at first，finally，eventually，in the end，immediately，soon，in front of，next to，opposite to，in the middle of，on the left，afterward，then，next 等。

(10)表示结论(conclusion)：in conclusion，to conclude，to sum up，to summarize，in summary，in all，in a word，in short，in brief，as has been noted 等。

6　不完全列表和完全列表

(1)不完全列表的写法比较单一，在一个概括性的词语之后用 such as 或者 including 来引入列表，最好只列三项，后面不要加 etc，and so on，and others 这样的字眼。

(2)完全列表不能用 such as 和 including，很多时候在动词 to be 之后直接给出列表就可以了。

(3)在口语里人们经常使用 like 来代替 such as，比如 I want to get some dessert，like a cupcake。但是科技论文写作中我们要避免使用 like 来引入不完全列表，因为这个词不够正式。

7　易混淆、滥用的单词和短语

(1) about vs. approximately

除了科技写作外，*about* 是英文里最常用的词语。在科技写作中，优选 *approximately*。

(2) adverse vs. averse

adverse 指的是有害的或令人不快的事/物。

例如："A drug can have an *adverse* effect.""药物可能有副作用。"

averse 是指对某事/物的消极感受。

例如："She was *averse* to asking for advice about her failed experiment."

“她不愿为她失败的实验征求意见。”

(3) affect vs. effect

affect(动词)是指某事/物影响某事/物，而 *effect*(名词)是对某事/物有影响的某事/物。

例如：“The relative humidity in the chamber *affects* the growth of the plants.”

“房间里的相对湿度影响了植物的生长。”

例如：“The relative humidity in the chamber has an *effect* on the growth of the plants.”

“房间里的相对湿度对植物的生长有影响。”

(4) alternate vs. alternative

作为形容词，*alternate* 是泛指替代，而 *alternative* 通常是更好的选择。

例如：“We can synthesize this compound via the *alternate* reaction.”

“我们可以通过替代的反应来合成这种化合物。”表明其他反应效果跟第一个反应一样好。

“We can synthesize this compound via the *alternative* Michael addition.”

“我们可以通过可供选择的迈克尔加成来合成这种化合物。”暗指迈克尔加成对合成该化合物来说是更好的选择。

作为名词，这两个词可互换使用。

例如：“He is a good *alternate* for the keynote speaker.”

“他是很好的主讲人替换人选。”

“He is a good *alternative* to the keynote speaker.”

“他是替换主讲人的很好的人选。”指的是同一件事且两者都合意。

(5) as yet; as of yet

避免使用这两个短语。用 *yet*，*still* 或 *so far* 代替。

(6) at the present time; at this time; at present

这些可以用更简单的 *now*，*today* 或 *currently* 替换。

(7) at the time that; at the time when

避免使用这些短语。*when* 这个词效果最好。

(8) by means of

用这个短语显得冗长，用 *by* 或 *with* 代替。

(9) Compare with vs. compare to

这两个短语经常互换使用，但它们有细微的区别。当同时比较相同点和不同点时用 *compare with*，当想要强调事物之间的相同点时用 *compare to*。

例如："The percent yield with our method was higher and lower *compared with* the yields obtained by Brett et al. and Tsing et al., respectively."

"用我们的方法得到的产率分别比 Brett 等人得到的产率高，比 Tsing 等人的低。"

例如："The morphological changes were similar *compared to* those observed by Kwak et al."

"此形貌变化与 Kwak 等人观察到的相似。"

(10) comprise vs. compose

这两个词经常被混淆。"The whole *comprises* the parts""整体包含部分"以及"The parts *compose* the whole""部分组成整体"。

例如："The genus *Glycine comprises* several species, including *max* and *soja*."
"大豆属包含若干物种，包括大豆和野生大豆"。

例如："The species *max*, *soja*, and others *compose* the genus *Glycine*."

"大豆、野生大豆以及其他物种组成了大豆属。"

(11) criteria

criteria 是 *criterion* 的复数，写成 *criterias* 是错误的。

(12) data

在科技写作中，*data* 是复数，*datum* 是单数。

(13) disk vs. disc

除了某些专业术语以外，*disk* 是最通用的拼写。写作时需核实某个领域特有的术语以确定该使用 *disk* 还是 *disc*。

例如："*disc* gel electrophoresis""圆盘凝胶电泳"

"*disk* drive""磁盘驱动器"

(14) either ... or

如果单独使用 *either* 作主语，必须用单数动词。

例如："*Either* buffer works for gel electrophoresis."

"任一种缓冲剂都可用于凝胶电泳。"

如果用"*either ... or*"，则句子必须是平行结构的。

例如："*Either* the DNA *or* the RNA can be diluted using DEPC water.""DNA

或 RNA 都可以用 DEPC 水稀释。”

(15) farther vs. further

通常，这两个词被互换使用，并且这是可接受的。然而，习惯上 *farther* 指的是物理距离，而 *further* 则指的是无法测量的距离。

例如：“The restriction fragments of *Bam* HI migrated *farther* than those generated by *Sac* I.”

“*Bam* HI 的限制片断比 *Sac* I 产生的迁移远。”

例如：“*Further* study is needed to understand the mechanism underlying the virus' entry into the host.”

“需要进一步地研究来了解病毒进入宿主的潜在机理。”

(16) first, second, third vs. firstly, secondly, thirdly

first, *second*, *third* 是优选用于列表的形式，但使用 *firstly*, *secondly*, *thirdly* 也没错。

(17) i. e. vs. e. g.

i. e. 是 *id est* 或“that is”的缩写。e. g. 是 *exempli gratia* 或“for example”的缩写。如果用这些缩写，则应该带有逗号。

(18) if vs. whether

在科技写作中，用 *whether* 更合适。

(19) impact, effect, influence

在科技英语中，*effect* 与 *influence* 更为常用。

例如：“This research will have a large *effect/influence* on the field.”“此研究将会对该领域产生较大的影响。”

此外，“有影响力的”不应使用 *impactful*，而应用 *influential*。

(20) imply vs. infer

imply 的意思是暗示或提示，而 *infer* 的意思是推论。

例如：“The increased enzyme activity during gastric cancer *implies* that the enzyme plays a role in gastric cancer.”

“胃癌期间加强的酶活性意味着酶在胃癌中起着一定的作用。”

例如：“Because the enzyme activity was increased during the initiation of cell division, we *inferred* that it played a role in this process.”

“由于细胞分裂初期酶活性增强，所以我们推测酶在此过程中起一定的作用。”

(21) induce vs. deduce

用于科技写作中时 *induce* 和 *deduce* 是相反的。*induce* 的意思是基于观察形成普遍原理，而 *deduce* 意思是基于普遍原理的使用得出结论。

例如：“Based on close observation of the flora and fauna of the Galapagos Islands, Darwin *induced* his theory of evolution”

“基于对加拉帕戈斯群岛的植物群和动物群的密切观察，达尔文提出了进化论。”

例如：“We were able to *deduce* that the genes would be closely related between the two species of fly based on the theory of evolution.”

“基于进化论我们可以推断，这两种物种之间的基因可能有非常接近的亲缘。”

(22) in order to; in order for

保持简洁，只用 *to* 或 *for*。

(23) in regard to

这个短语是正确的，但它可以用诸如 *about*、*regarding* 或 *concerning* 的词简化。

(24) less vs. fewer

体积或质量用 *less*，可数名词或个体用 *fewer*。

例如：“*Less* buffer was needed for running the smaller agarose gel.”

“较小的琼脂凝胶只需要较少的缓冲剂来跑胶。”

例如：“*Fewer* bacteria were found in the water column.”

“水柱中发现了较少量的细菌。”

例如：“*Fewer* data were obtained for the swamp transect.”

“获得了较少的沼泽断面数据。”

(25) media vs. mediums

在科学领域以及在讨论大众传媒时，*medium* 的复数是 *media*。*mediums* 指的是招魂论者。

例如：“The bacteria only grew on two of the three *media* tested.”

“细菌仅在三个测试的培养基中的两个上生长。”

(26) neither … nor

这个构造遵循和 *either … or* 同样的规则。

(27) on the one hand/on the other hand

使用时，这两句必须一起使用。

例如："*On the one hand*, my results support my hypothesis. *On the other hand*, they are opposite to those obtained by Greer et al. (2001)."

"一方面，我的结果支持我的假设。另一方面，它们和 Greer 等人(2001)获得的结果相反。"

上述例句可以更简单地写成：

"My results support my hypothesis. *However*, they are opposite to those obtained by Greer et al. (2001)."

"我的结果支持我的假设。然而，它们和 Greer 等人(2001)获得的结果相反。"

也可使用 *while*、*whereas* 及 *in contrast* 来直截了当地表达相同的观点。

(28) partly vs. partially

这两个词都表示"某种程度上"或"部分地"。*partially* 还有"不完全地"的意思。

例如："The cell culture contamination is *partly* responsible for the failure of the experiment."

"细胞培养污染在某种程度上是实验失败的原因。"(污染是实验失败的一个原因。)

例如："The cellulose was *partially* converted to sugars by cellulase."

"纤维素通过纤维素酶部分转化成了糖。"(并非所有纤维素都转化成糖。)

8 应该避免使用的短语

(1) Due to the fact of/that …

Due to the fact of/that … 就是一个典型的冗长短语，"*Because*"通常用来代替这个冗长的短语。

修改前：*Due to the fact that* more people are hiking in the Adirondacks, there have been more bear encounters.

修改后：*Because* more people are hiking in the Adirondacks, there have been more bear encounters.

(2) It should be noted that ...

It should be noted that ... 可以删掉，直接进入主题，丝毫不会影响句子的内容。

修改前：*It should be noted that* there were only 15 subjects in the study.

修改后：The study consisted of 15 subjects.

(3) In consequence of this fact ...

In consequence of this fact ... 可以直接用 *because of* 替换，并给出 *this fact* 具体指的是什么，方便读者阅读理解。

修改前：*In consequence of this fact*, we really do not know how much of an impact daily exercise has on a person's BMI.

修改后：*Because of* unreliablereporting and other factors, we really do not know how much of an impact daily exercise has on a person's BMI.

(4) It's worth mentioning/It's worth considering ...

是不是经常使用"*It's worth mentioning/it's worth considering* ..."？但这个句式非常文学化，并不适合严谨的学术论文。

修改前：*It's worth considering* whether the recent storm patterns are connected to glacier melt.

修改后：Recent storm patterns may be connected to glacier melt.

(5) Further research is needed to ...

is needed to ... 是不是写作中经常用到的句型？删掉它，将被动句子改成主动句，效果更好。

修改前：Further research *is needed to* determine how extensive the damage to the intestinal wall is.

修改后：Future studies will gauge the extent to which intestinal walls are damaged.

(6) In this essay/paper/study, we will ...

是不是经常在论文 introduction 部分使用"*In this essay/paper/study, we will* ..."？一般来说，没有明文规定论文一定要介绍要做什么，有时这种叙述对引导读者是有帮助的。

删掉“*In this essay/paper/study, we will ...*”，这对论文没有任何影响。

(7) end result

“*end result*”短语是多余的。在大多数情况下，可以简单地使用“result”或“results”，也可以用“... caused by ...”。

修改前：The *end result* of more run-off is higher levels of bacteria in the water.

修改后：Higher levels of bacteria are caused by increased run-off.

(8) on average

on average 是一个不精确的术语，我们应该避免使用它。

修改前：Our results demonstrated that, *on average*, birds returned to the nest X number of times.

修改后：According to our results, birds returned to the nest an average number of X times.

(9) sheds light

sheds light 的意思是使某事容易理解、阐明、揭示，通常用在封面信或摘要中。*sheds light* 是不常用、过时的短语，我们应该尽量避免使用它。*sheds light* 可以替换成 *suggest*、*determine*。

修改前：This research *sheds light* on why monkeys engage in these behaviors.

修改后：This research *suggests* some reasons why monkeys engage in these behaviors.

修改后：This research *determined* why monkeys engage in these behaviors.

(10) paradigm shift

一些专业术语不常用，如果可能的话，最好更精确地描述发生了什么变化。

修改前：Donaldson's experiments resulted in a *paradigm shift* in current thought.

修改后：Donaldson's experiments have had some influence on current thinking.

第三讲

做好论文自我评价　选择合适投稿期刊

PPT

导读

作者是最熟悉论文内容的，但也是最不合格的读者——自知很难；编辑和审稿人是论文真正的首批读者，并且也是最严苛的读者——学术把关。朱庆馀写给张籍的诗能够很好地描述作者在投稿过程中的心理活动：洞房昨夜停红烛——大功告成；待晓堂前拜舅姑——准备发表；妆罢低眉问夫婿，画眉深浅入时无——期待好评。张籍的回复则可以反映编辑和审稿人的心理活动：越女新妆出镜心——别出心裁；自知明艳更沉吟——低调内敛；齐纨未是人间贵，一曲菱歌敌万金——锦绣论文。本讲阐述作者应根据“三性”定位目标期刊，“三性”即创新性、科学性和规范性，分别侧重论文内容、论证和写作。为提高投稿命中率，作者应从审稿人视角做好论文自评工作，即整体科学性质量自评、写作质量自评、陷阱自评、亮点自评、针对目标期刊要求的适应性自评。

1 投稿期刊选择

1.1 根据“三性”定位目标期刊

根据“三性”定位目标期刊，论文投稿能否成功，关键在于其是否能够体现出“三性”，即创新性、科学性和规范性。

创新性，侧重指论文的内容。创新是根本，它既是期刊的核心要求，也是学术论文的灵魂。“无中生有”是创新，“有中生新”也是创新；交叉综合是创新，另辟蹊径也是创新；新视角、新思维、新见解是创新，新材料、新方法、新工艺也是创新；精度高、速度快、强度大是创新，误差变小、损失降低、效率提高也是创新；等等。否则，就很难谈得上是创新了。

科学性，侧重指论文的论证。科学性是关键。从全文看，作者需要交代研究背景、阐述研究目的、理清逻辑思路、突出研究重心、整理报告成果、系统提供资料、严格推导论证过程、审核结果和结论、客观评价研究价值等，使论文具有科学性。

规范性，侧重指论文的写作。语言规范是基础。文稿中的语言文字、标点符号、写作体例、学科的名词术语、数字与变量符号的用法、参考文献的著录规则等方面的问题都须逐一核查、修改，使之符合出版规范。对此，作者对英语文字信息敏感很重要，要能够注意到错别字、词语搭配不当、语法逻辑混乱、数字差错、不符合技术规范等错误。

1.2 选刊方法

(1)经验法。这种方法适合已经有一定论文发表经验的作者，其了解自己领域的一些专业期刊的水准，并且也知道自己的论文属于哪个档次。总之，想要靠经验来选刊的话最重要的就是“知己知彼”。

(2)文献法。一般来说，在论文中新引用的参考文献是和论文的方向和内容相关的。因此，参考文献中的期刊也可以作为投稿的备选。

(3)工具法。通过智能选刊工具，确定能投期刊的大致范围，选择其中的期刊通过检索看是否符合我们的要求。

(4)咨询同行法。咨询同领域的专家、导师的建议，也是快速选择期刊的重要方法。

1.3 认真阅读《投稿须知》

投向何种刊物，是作者需要面对的一个重要问题。每种期刊都有自己的办刊宗旨，都有一定的定位。即使是同一学科的期刊，侧重点也会不同。

《投稿须知》规范了期刊发表论文的基本要求，包括投稿论文的格式、字体、投稿范围、投稿方向等。

投稿前一定要认真阅读《投稿须知》，了解期刊的主要栏目以及各栏目对稿件的详细要求。同时，阅读期刊已刊登的论文，了解期刊对格式的要求。这样可避免稿件因不符合目标期刊的栏目要求而被退稿，避免稿件因被退回再改投其他期刊而耽误论文发表时间。总之，阅读《投稿须知》就是为了做到投稿时专业对口、水平相当。

2 投稿前的论文自评工作

2.1 自我评价的意义

一般而言，优秀的学术论文应具备的基本特征是内容上的创新性，方法上的科学性，表述上的逻辑性、准确性及规范性。论文要求做到要素齐全、内容严谨，表述准确、论证科学，层次分明、符合逻辑，语言精练、通俗易懂，能够客观地、真实地反映所做的研究工作，便于论文发表交流，促进科学技术进步。

为了提高论文投稿的命中率，作者可以从审稿人视角对论文进行自我评价。自我评价主要涉及三个方面的内容：

(1) 前提性审查。包括是否符合刊物的办刊宗旨和选题范围；是否存在涉密及政治性问题；是否有抄袭及一稿多投等学术不端问题。

(2) 学术内容审查。包括内容有无创新或重大实用价值；数据是否可靠；结论是否正确；逻辑是否严密。

(3) 论文形式审查。包括论文格式是否符合规范；论文结构是否完整、层次是否清晰；文字是否简洁、通顺、无歧义；量、单位、符号、图、表及参考文献著录是否符合国家标准和规范。

2.2 自我评价的具体操作

主要内容包括五个方面：①整体科学性质量自评；②写作质量自评；③陷阱自评；④亮点自评；⑤针对目标期刊要求的适应性自评。

2.2.1 整体科学性质量自评

主要内容包括六个方面：

(1)原创性和新颖性。

(2)研究设计的适切性。

(3)内容的重要性。

(4)科学合理性。

(5)为读者提供阅读趣味性。

(6)整体价值。

2.2.2 写作质量自评

主要内容包括七个方面：

(1)标题是否突出了论文的中心思想？

(2)摘要是否包含几个关键要素？

(3)引言是否包含背景、需求、任务和目标？

(4)研究方法的引入是否允许对研究结果进行检验？

(5)研究结果的介绍是否清晰？

(6)结果是否得到充分讨论？

(7)表述是否具有逻辑性、准确性和规范性？

2.2.3 陷阱自评

这里的陷阱，是指可以避免的小毛病。

如果审稿人不支持发表，那么他会专注于挑小毛病，而不是专注于找优点。主要包括：

(1)是否有学术规范陷阱：是否漏引了文献？是否过度自引？是否把别人的观点表述错了？

(2)是否有夸大其词的表述？

(3)是否有结果或证据支撑一个观点？

(4)对别人的批判性介绍是否使用的是建设性语言，而不是攻击性语言？

2.2.4 亮点自评

检查是否在适当位置突出了亮点？如果问题或思路是亮点，那么应该在摘要、引言和结论中突出。如果有重要发现，那么应该在摘要和结论中突出，在介绍重要发现的地方着重描述。

2.2.5 针对目标期刊要求的适应性评估

如果投稿论文看上去与期刊上已发表论文的形式比较接近，且符合指南的一般性要求，那么就可以初步断定完成了目标期刊的适应性评估。

3 投稿信、标题页和论文亮点

3.1 投稿信

3.1.1 投稿信的内容

在准备投稿之前，应给编辑部写一封信放在稿子的前面。该信称为投稿信(cover letter/covering letter)。投稿信，顾名思义，是投稿时写给期刊主编的一封说明信，用来突出论文所包含的重要研究成果与应用价值，以便期刊主编更直观地了解论文的研究。投稿信一般应包括以下内容：

(1)投稿愿望。

(2)本研究或发现的意义。

(3)对需要说明的问题加以说明。

(4)对研究成果可能引起的利益冲突或法律纠纷问题加以说明。

(5)所有作者的签名，超过25个作者时，签名到第25个作者。

(6)其他要说明的问题。

(7)通信作者(corresponding author/correspondence)的详细地址和联系方式，包括电话、传真和E-mail。

3.1.2 投稿信的注意事项

撰写投稿信时应注意：

(1)用Dear editor不太礼貌，正确的写法是"Dear Dr. +主编姓名"或者"Dear Prof. +编辑名字"。期刊主页一般会有主编介绍，查阅Editorial board就可以找到。

(2)不要用“your journal”的说法，请写明期刊的全称，期刊名要用斜体。

(3)作者在自称时一定要用 I，不用 We。虽然一篇论文的作者可能有很多位，但 cover letter 是通信作者写给期刊主编的投稿信，如果通信作者只有一位，那么在自称和落款时只需要写一个人，不必把所有作者都写进去。

3.1.3 投稿信举例

Dear Dr. +主编姓名：

We would like to submit the enclosed manuscript entitled “Paper Title”, which we wish to be considered for publication in “*Journal Name*”. No conflict of interest exits in the submission of this manuscript, and manuscript is approved by all authors for publication. I would like to declare on behalf of my co-authors that the work described was original research that has not been published previously, and not under consideration for publication elsewhere, in whole or in part. All the authors listed have approved the manuscript that is enclosed.

In this work, we evaluated ...(简要介绍一下论文的创新性). I hope this paper is suitable for “*Journal Name*”.

The following is a list of possible reviewers for your consideration:

1) Name A E-mail：××××@××××

2) Name B E-mail：××××@××××

I deeply appreciate your consideration of our manuscript, and I look forward to receiving comments from the reviewers. If you have any queries, please don't hesitate to contact me at the address below.

Thank you and best regards.

Yours sincerely,

××××××

Corresponding author:

Name：×××

E-mail：××××@××××

3.2 标题页(title page)

标题页通常要包含论文标题、作者以及致谢和资金来源等信息。有一定数量的学术期刊的同行评审是建立在双盲审稿的基础上的，因此要求作者在投稿时单独准备并提交一份标题页文件，在这份标题页文件中应包含所有具体的作者相关信息，而在正文文稿的内容中则不能够显示出任何与作者有关的信息。此外，期刊对标题页的格式要求一般与正文一致，例如，要使用 Times New Roman 字体与双倍行距。

论文标题可分为论文的完整标题与小标题(subtitles)；作者信息应包括所有作者的全名(按贡献大小依次排序)、所有作者单位(院系、学校/机构、地址)以及通信作者的姓名、单位、邮箱、电话等联系方式；资金来源声明可以独立说明，也可以写入致谢信息中，但要阐明具体的资金资助方与基金编号。值得注意的是，有些期刊还会要求作者在标题页注明论文的字数与图表的数量。建议大家参照目标期刊的《作者须知》，仔细撰写并排版标题页。

3.3　论文亮点(highlights)

论文亮点是用来概括整篇论文研究内容与重要结论的短句要点，相当于压缩版的文字摘要，它的基本作用就是通过最简单的几个句子让审稿人与读者快速了解全文主旨。很多作者嫌撰写论文亮点麻烦，因此经常忽视它的重要性，然而论文亮点其实是审稿人和广大读者第一眼就能看到的论文概要，有时甚至先于论文的摘要。因此，写好论文亮点，既可以给审稿人留下深刻印象，增加论文被接收的概率，也可以吸引读者阅读全文，增加论文的被引用次数。

不同期刊对论文亮点的要求基本一致，通常需要 3~5 条要点短句，每条短句的长度不能超过 100 个英文字符(包括空格)，且不能使用缩写单词或专业术语。这些要点短句不仅要概括论文的研究方法与主要结论，还要阐明研究的主题信息、创新性与应用价值。本着简短易懂的原则，建议不要使用复杂的句式或只有当前领域专家才能看懂的小众专业词语，考虑使用一般现在时态的主动句式来陈述内容，同时每条短句的要点要相对独立，避免互相之间有内容重叠。

4　编辑初审评价指标、直接拒稿原因与对策

4.1　编辑初审的硬性指标和软性指标

期刊编辑的初审是投稿要过的第一关，一般会从硬性指标和软性指标两大方面来进行综合评价。

4.1.1 硬性指标

通常，每种刊物都有自己设立的一些个性化的收稿硬性指标，如作者层次(作者机构、职称、学历等)、基金项目、题材范围等。如果这些硬性指标都基本满足了，就可以进行软性指标的评估了，也即考察论文的学术水平和写作水平。在硬性指标中，栏目是否对口是初审的首要审查点。当今科学技术飞速发展，交叉学科、边缘学科层出不穷，每种刊物都有各自的办刊宗旨、刊载范围等，如果稿件内容完全不符合所投期刊的要求，就会被直接退稿。

4.1.2 软性指标

在软性指标方面，笼统地讲，包括形式和内容两个方面。在形式方面，编辑在初审时很关注稿件的整体结构是否符合科技论文的撰写格式。虽然初审编辑对所投稿件内容科学性的把握有限，但多年的编审工作使他们对论文结构的把握具有非常丰富的经验。科技论文的结构形式是一个非常严密的逻辑体系，它由前置部分——题名、摘要、关键词，主体部分——引言、正文、结论，后置部分——参考文献、附录等构成。在内容方面，稿件的内容在学科方面是否具有创新性和前沿性，是否具有较高的学术价值也是影响初审通过率的重要因素。创新性是衡量论文有无发表价值的根本标准。科技论文的创新性判断主要是看其研究内容、采用方法和所得结论是否新颖。

编辑初审时会对稿件进行学术不端检测以及论文创新程度的判断。一篇论文哪怕只道出一点新的东西也是可贵的。如果稿件只是简单重复别人的工作，毫无新意可言，没有可取之处，那是会被坚决退稿的。

4.2 初审直接拒稿原因

初审直接拒稿的原因有：

(1)来稿报道内容不符合期刊收录范围。

(2)来稿不符合投稿格式要求。

(3)来稿学术质量存在问题，如创新性不足等。

(4)来稿存在学术不端行为，如一稿多投、剽窃他人、自我剽窃、重复率高等。

(5)来稿存在意识形态问题，如论文所涉及的研究可能存在领土争议的情况、使用的研究材料违反伦理道德等。

总体上讲，针对退稿原因(2)的情况，多数期刊的编辑会给予退稿后再投的机会；针对退稿原因(1)(3)的情况，少数期刊的编辑会依据稿件质量、可修改空间、学科交叉等因素给予再投的机会；而针对退稿原因(4)(5)的情况，期刊编辑会毫不犹豫地做退稿处理。

4.3　如何避免直接拒稿

(1)全面检查是否有语法错误和拼写错误，对英文期刊，请确保英文描述的准确性，必要时请有母语背景的润色人员进行语言润色。

(2)认真阅读期刊《投稿须知》，根据要求确认以下内容：

①关于论文摘要，确保摘要部分字数和格式符合要求。

②关于论文正文，确保标题格式正确；确认图表是应该包含在论文正文中，还是作为附加文件提交；确保字数不超出期刊的最大字数限制，确保《投稿须知》要求的所有章节(如文本、图形、表格、参考文献、附录)均已计入字数。

③关于论文引用和参考文献，检查所有引用的格式是否准确，是否包含在参考文献列表中，同时检查参考文献列表的格式。

④关于附录和图表，查看表格、图形、图片和附录的格式要求；如果要求将图表和附录等作为单独文件提交，应标注清楚文件内容，且都包含在夹注中。

(3)投稿前查重，确保不存在无意抄袭，避免因重复率高被直接拒稿。目前中文论文推荐只用知网、维普和 PaperPass，具体要确认学校或期刊使用的检测系统。英文论文查重推荐使用 iThenticate、CrossCheck 数据库，可支持 SCI/EI/SSCI/IEEE、Nature、Spinger、Elsevier、Wiley-Blackwell、HaeperCollins、Energy 等 1300 家顶级期刊的筛查和投稿审查。

(4)确认如何提交论文，是在线提交还是发送邮件，请务必按照期刊要求提交。

5　一稿多投、二次发表和作者撤稿

5.1　一稿多投

一稿多投是指作者在编辑不知情的情况下，将自己的作品同时或先后投到不同的出版社或其他媒体发表(同时或先后发表)。

对于一稿多投，法律无明文规定禁止。但同一作者在不同时间一稿多投，或同一内容更换作者在不同时间段投向不同期刊，将对学术评价制度产生负面影响。期刊无法杜绝一稿多投现象，但凭借国内外数据平台，能够尽可能减少一稿多投现象，避免社会资源浪费。

一稿多投一经发现，相关期刊可能会采取一些制裁或处罚措施。比如在一定期限内拒绝一稿多投作者向该刊继续投稿；在刊物上刊登关于该作者一稿多投的声明，并列入目次页，以便被检索系统收录，供同行检索；可能在某特定专业群体的刊物中对一稿多投的行为进行通报；可能通知作者所在单位等。

5.2 二次发表及其条件

二次发表或再次发表（secondary publication）是指使用同一种语言或另外一种语言再次发表，尤其是使用另外一种语言在另外一个国家再次发表。

如果清晰注明了已发表论文的出处，征得两家期刊编辑的同意且理由充分，二次发表是为学术界所接受的。实际上，可接受的二次发表可以扩大读者群。

合理的二次发表不属于学术不端，不应视作一稿多投。可接受的二次发表需要满足六个条件：

(1)征得同意。作者已经征得两家期刊编辑的同意（涉及二次发表的编辑必须有权访问主要版本）。

(2)时间间隔。以首次发表的需求优先，作者应与两家期刊的编辑协商确定二次发表与首次发表的时间间隔。

(3)简化发表。二次发表的论文面向不同的读者群体，因此以简化版形式发表就足够了。

(4)注明原版。二次发表的版本需要标明原版论文的作者、数据和解释。

(5)告知他人。二次发表的版本需告知读者、同行和记录机构，该论文已全部或部分在其他地方发表。

(6)标题声明。二次发表版本的标题应告知读者论文已在其他期刊上发表（完整或删减的再版或翻译）。

判断重复发表或零碎发表的依据：

①是否用一篇论文更具有信息量，且比多篇论文更为关联和完整。

②是否可以在同一篇论文中表达所有必要的信息而无须增加篇幅。

③是否用多篇论文发表会降低研究成果的重要性。

④是否用多篇论文发表时，读者可能阅读其中某一篇论文即已足够。

5.3 发表前作者撤稿

论文已被期刊接收，作者无正当理由在发表前撤稿，最直接的后果是，很可能被期刊拉黑并通报给其他出版单位，最终影响到今后再发表论文。

当然，国内和国外不同，国内审稿平台还没有这么强大。但是撤稿对于作者来说却是一个巨大的损失。

(1)时间的损失。一篇论文能够被录用，会经历初审、复审、终审等几个流程，每个流程都要等待不短的时间。好一点的普刊审稿周期为1~2周，有的为半个月，核心期刊的审稿周期通常为3~4个月。而这个时间也仅仅是第一次审稿，重审以及终审会需要更长的时间。

如果作者在论文录用后撤稿，转投其他的刊物将会额外花费更多的时间和精力。一般发论文都是有目的性的，或评职称或毕业，时间都是耽误不起的。

(2)撤稿后的论文不一定能发得出来。像有的论文时效性比较强，如果撤稿了很有可能导致论文错过最佳的发表时间。

总之，撤稿不是一个明智的选择。作者在投稿前就应该认真选择好合适的期刊，录用就发表，不录用就换刊。这样，于编辑，不会做无用功；于己，也是一种负责任的表现。

第四讲

正确处理论文署名　保障作者和单位权益

PPT

导读

作者署名的目的是明确作者责任、便于检索和通信、提高学术知名度、方便学术交流等。对研究的构思、设计、获取数据、分析和论文的撰写定稿都有重要贡献的人，才有资格列入作者名单。通信作者对选题的先进性、首创性，实验设计和方法的合理性，结论的可靠性、严谨性，以及对论文署名次序和“一稿一投”等负首要责任。本讲阐述作者信息的主要作用、论文署名、作者署名排序/排名和单位署名等。

1　作者信息的主要作用

作者信息是论文的必要组成部分，作者信息的撰写需要仔细推敲。作者信息的主要作用包括：明确作者责任、便于检索和通信、提高学术知名度、方便学术交流等。

(1)明确作者责任。论文作者必须亲自完成论文写作的全部工作，并对论文的内容负责。其学术意义是，如果论文的出版产生了任何后果，署名的所有作者都应该接受并承担后果。

(2)便于检索和通信。作者姓名和所属机构通常用作作者索引，在参考文献中以特定格式被引用。通过分析论文中的作者信息，读者可根据其确定作者的身份，将论文与作者、学术机构进行对应。

(3)提高学术知名度。公开发表学术论文，是评价研究者和其所在学术机构专业水平的标准之一。因此，在国际期刊上发表论文，可提高作者及其所在研究机构的学术知名度。同时，通过论文发表，也可以使作者、作者所属的机构和国家获得相应的学术声誉。

(4)方便学术交流。读者可以通过论文中的作者信息，通过邮件、电话等方式和论文作者进行学术交流，促进相关学术研究的发展。

2　论文署名

论文署名是论文发表过程中的重要问题。署名一方面是分享成果荣誉，另一方面则是一种责任。

署名作者是那些对论文做出实质性贡献的人。一般实验的实施者和执笔者为第一作者，实验的设计者(指导者)等可作为通信作者。

2.1　作者署名条件

国际医学期刊编辑委员会(ICMJE)提出了一种成为论文作者的标准，该标准有四个必须同时满足的要求：有科学贡献、参与了写作、同意发表、对全局负责。

下述情形可列入致谢而不列入作者名单：只提供行政支持；只提供写作辅

导；只提供技术编辑；只提供语言编辑；只校对稿件。致谢应遵循写实的原则，致谢的理由都是具体的、实在的、有针对性的。致谢的常见误区：该感谢的没感谢，不该感谢的感谢了，写了不该写的内容。

有些特殊情况需要考虑，如有些提供了某项研究的重要学术思想和设计思路，有些提供了实验中不可或缺的实验材料，有些提供了研究中必需的重要实验设备等。如果当事人提出要作为论文作者署名，应予考虑。当然有些是在实验开始之前就讨论决定了的，就没有这些麻烦了。

2.2 第一作者和通信作者

根据国际医学期刊编辑委员会对作者署名权的界定，论文作者是对研究的构思、设计、获取数据、分析和论文的撰写定稿都有重要贡献的人。

通常，第一作者是对论文贡献最大的人，是原始数据的收集者，也是论文的主要撰写人。而通信作者，则是在论文投稿、同行评审和整个发表流程中负责和期刊沟通的人。通信作者需要“确保研究满足期刊的所有硬性规定，比如提供署名细节、道德委员会审批、临床性试验注册文件，以及汇总共同作者的利益冲突说明，不过具体执行起来可能会需要其他一位或几位共同作者相互分担配合。

通信作者作为研究论文的指导者，对选题的先进性、首创性，实验设计和方法的合理性，结论的可靠性、严谨性，以及对论文发表时的署名次序和“一稿一投”等负首要责任。但对原始数据的真伪不负首要责任。

2.3 几种特殊的作者类型

客座作者(guest authorship)或馈赠作者(gift authorship)：是指某人对研究工作和写作都没有重要贡献，但是被列在了作者名单中，只是为了提高论文的可信度。他们也许对研究有一点点贡献，但不应被列为作者。客座作者和馈赠作者的现象很常见。为了确保作者名单的全面性和伦理性，要求作者在论文的“作者贡献”部分陈述每个人的贡献，这样可以起到自动监督的作用。

幽灵作者，直译自英文 ghost authorship，即捉刀作者，他们是作品的实际作者，但被排除在作者名单之外。论文的署名作者通常是那些参与了研究或者数据分析的人，但他们没有写这篇论文，而实际写这篇论文的(幽灵)作者并没有被列入作者名单。

3　作者署名排序/排名

对于合著论文，有多种因素需要“计较”作者们的排序问题。第一是作者们本身是否愿意“计较”，第二是论文后来成为评判个人贡献材料时其排名是否被“计较”。

(1)合作者贡献有大小，把贡献大的列在前面。此时，第一作者被赋予了“第一”的含义。例如，研究设计者、核心主意提供者、重大发现者可以列在前面。第一作者通常是对稿件做出最重大智力贡献的人。一般依据相对贡献的大小来安排作者排序，有的甚至在文尾部分的合适位置声明每位作者的贡献。

(2)不排名只排序。在贡献大小区别不明显或者相互不在乎这种区分的情形下，合作者可能选择“阿尔法-贝塔(α-β)”顺序排序，即按姓的首写字母的顺序排名。这种排序往往暗示署名作者被视为同等贡献。

(3)联合第一作者。对一些重要的论文，尤其是涉及多学科交叉研究时，有多个研究者作出的贡献是相当的，可以作为联合第一作者处理，但作为联合通信作者的情况比较少见。

4　单位署名

研究人员工作单位的变更是学术界的常态，这意味着作者在本单位发表的数据可能是在另一个单位工作期间收集的。由于一些期刊投稿系统只允许每位作者署名一个单位，作者便无法确认该署哪个单位。尤其是，当遇到同一个作者其所在的两个不同的研究所对一项研究作出了同等的贡献时，情况可能会变得特别麻烦。

根据《美国心理学会出版手册》第 7 版，“作者单位指作者在进行研究期间的工作或学习地点……，作者单位如发生变更，应在注释中注明作者当前所在的单位”。此外，作者应查阅目标期刊的具体要求。一些期刊要求作者在“Acknowledgement(致谢)”中注明当前所在的单位，并简要描述作者与各个单位之间的关系。

研究表明，在期刊上署名多个单位的论文呈上升趋势，这个问题可能会“为机构的不当行为打开大门”。

5 署名常见问题及注意事项

(1)挂名作者。有些作者可能未经许可被列为挂名作者，这是一种不负责任的行为。如果一个作者不同意成为挂名作者，应该及时提出并要求修改。

(2)作者身份混淆。有些机构或学会要求作者按照他们的标准进行署名，这可能导致作者身份混淆。在这种情况下，应该以论文的实际贡献为依据进行署名。

(3)作者信息不实。有些作者为了追求荣誉或规避责任，可能会提供不真实的个人信息。这种行为是不被允许的，一旦发现，将会受到严厉的惩罚。

(4)共同作者争议。在多人共同完成的研究中，可能会出现共同作者争议的情况，这时需要所有作者协商并达成一致再进行署名。

(5)作者排序问题。如果作者之间对于排序存在争议，应该根据每位作者的贡献大小进行公正的排序。

(6)导师或资助者署名。在学生独立完成的研究中，导师或资助者不应列为共同作者。他们的贡献应通过指导或资助的方式体现，而不是简单的挂名。

(7)机构署名。一些机构或公司可能会要求在论文上署上他们的名字，在这种情况下，需要明确论文的主要贡献者，不能让机构的署名喧宾夺主。

(8)学术不端行为。任何形式的学术不端行为，如捏造数据、剽窃等，都是不被允许的。在这种情况下，相关责任人应承担相应的法律责任。

6 不规范署名

现阶段在国内也确实存在着论文署名不规范问题，有些是属于不知道规矩，有些则是其他原因。

(1)随便挂名。不管对论文有无贡献，只要是一个实验室的、一个研究集体的成员，每个成员几乎在每篇论文上都署名，以增加每个成员发表论文的数量。

(2)领导挂名。有时候，有些研究人员为了“巴结”某些领导或掌握资源的官员，在某些论文上署上领导的大名。也有的是相关领导暗示或主动要求挂名。

(3)名人被借“光”挂名。有时候有些学者为了论文审稿或发表顺利，没有征求当事人的同意，就强行将一些学问高的学者的名字挂上。

(4)为了职称晋升而挂名。有些人为了评职称，而在没有任何贡献的论文上挂名。

(5)强求挂名。有些项目负责人或实验室领导，强求在实验室的所有论文上署上自己的名字。

(6)为了某种目的而收买挂名。如学校评估、博士点申请等急需高质量的论文，利用金钱收买，在论文上署名。

(7)为了毕业和学位而挂名。有些学生为了满足单位的获得学位的要求，急于毕业获得学位，在自己没有贡献的论文上挂名。

此处，提醒导师和研究生需要注意的一些事情。由于某些利益目的(如考核等)，有些研究生将自己硕士期间的工作，以读博士学位的单位名义发表，或者署上自己的博士研究生导师的名字，或者论文中没有自己硕士研究生导师的名字等，这些都是错误的，每位导师和研究生都必须严肃对待这些事情。首先，论文(成果)的产权归原单位(获得项目支持的单位)。硕士研究生要尊重自己导师的劳动，不能太“势利眼”。同理，博士研究生毕业后，博士期间的所有数据都必须以原单位的名义发表，博士研究生导师应该作为作者之一(如果导师负责的话，一般应该是通信作者)，原单位必须是第一著作单位。

“多栖教授”问题。当今一篇论文的作者挂很多单位的问题，一是由于兼职的、“多栖”的教授学者太多，二是由于现实的利益关系。看看某些所谓我国“独立创新”的高质量论文，实则是在国外的实验室做的结果，由于自己在国内某个单位兼职(讲座教授之类的)，这位学者的名字上会有两个甚至多个单位。还有一些学者纯粹是为了增加论文数量，在与自己的专业毫无关系的论文上挂名。国内的“多栖教授”的论文署名情况也是这样的。

第五讲

了解同行评审制度　提高投稿命中率

PPT

导读

同行评审是一种审查程序，其目的是，一方面给作者提出建设性的评审意见，帮助作者提高论文质量；另一方面帮助期刊筛选达到学术水准的论文，促进期刊的高质量发展。审稿工作是选题、组稿工作的延续，是保证期刊整体质量重要的环节之一。审稿工作做好了，就能为以后各道工序打下良好基础。本讲阐述同行评审的目的及分类、同行评审的内容与拒稿原因、高质量论文的基本特征及如何避免拒稿。

1　同行评审的目的及分类

1.1　同行评审的目的

同行评审(peer review)是一种审查程序，即一位作者的学术著作或计划让同一领域的其他专家学者来评价。

学术期刊的编辑在收到投稿论文之后，首先会进行编辑初审，初步审查投稿论文是否符合期刊的相关主题内容、特定质量标准与具体格式规范。如果论文大体符合期刊的各类要求，则编辑决定论文进入同行评审程序，将论文发送给多个同领域的评议专家，收集这些同行审稿人关于这篇论文的具体审稿意见。

同行评审的主要目的包括两个方面：一方面给作者提出建设性的评审意见，帮助作者提高论文的质量；另一方面帮助期刊筛选达到学术水准的论文，促进期刊的高质量发展。

编辑经常表示组织高质量的同行评审是工作中的难点，因为要努力寻找合适的审稿人，寻找更好的方法去筛选评审资格和可能的利益冲突，积极联系并鼓励专家们进行同行评审，而且这个复杂的过程也在相当程度上降低了学术交流的效率。审稿人也有他们的困扰，审稿数量多时，会占据审稿人大量的时间，但这部分工作没有任何认可和补偿，对其工作岗位和个人成就的贡献远远比不上发表论文，学术爱好和责任的驱使并不足以激励审稿人。

1.2　同行评审的分类

(1)单盲式同行评审(single-blind peer review)。单盲式同行评审也称封闭性同行评审，是学术期刊最常见的同行评审方式。在单盲式同行评审中，作者的身份信息对审稿人公开，而审稿人的身份信息对作者不公开。这一评审模式可以有效避免作者在同行评审过程中对审稿人进行干扰和影响。

(2)双盲式同行评审(double-blind peer review)。在双盲式同行评审过程中，无论是作者还是审稿人都不知道彼此的身份信息，这可保证作者无法干预审稿人的评审结果，同时有效消除审稿人对某些作者的偏见。但值得注意的是，采用双盲式同行评审的期刊都会要求作者单独提供论文的标题页与匿名正文内容。

(3) 三盲式同行评审(triple-blind peer review)。三盲式同行评审模式相对少见，在该评审模式中，期刊编辑、同行评审人与作者均采用匿名，三者的身份信息均不公开。这种评审模式可为作者提供最大的保护，同时有效避免编辑与审稿人对作者的偏见，但评审过程较为烦琐、耗时很长。

(4) 开放式同行评审(open peer review)。在开放式同行评审过程中或评审结束后，所有的参与者都将互相知晓身份信息。有些学术期刊还会鼓励同行评审的透明化，即将全部审稿意见与论文一同发表见刊。如今的科学研究愈发讲究公开透明，研究员不再要求匿名化，开放评审的方式也将被逐步扩展开来。

(5) 转让式同行评审(transferable peer review)。转让式同行评审也称级联同行评审，这一评审模式允许作者在投稿被拒之后，将任何已有的同行评审意见与反馈内容连同投稿论文，转移到同一出版商旗下的另一新期刊上。转让评审模式可以避免审稿人被不同期刊邀请多次审阅同一论文。

尽管同行评审模式已有 350 多年的历史，也一直支撑着期刊出版业的蓬勃发展。但它并不完美，随着期刊数量和信息量的激增，论文撤稿事件不时被报道，传统的同行评审模式面临着诸多问题。第一，现代科学技术发展使得科学领域更加细分，专家们对自己专门研究领域之外的专业领域了解有限，很多时候会因为投稿人科学研究中有超出其知识结构的内容而错误判断该研究的创新性和重要性。第二，鉴于有些含有错误或者欺骗性的研究成果仍然发表，很多人认为同行评审制度带有一定的倾向性，而这有利于领域中已经确立的理论和知名学者，会在一定程度上扼杀科学创新。还有一些问题，比如审稿人的选择不合适，审稿人因审稿工作不关乎他们实际工作的晋升和科研成果的推进与发表而不够负责。

2　同行评审的内容与拒稿原因

2.1　评价内容

同行评审涉及的内容包括：①意识形态导向；②创新性；③科学性；④重要性；⑤实用性；⑥写作质量。

具体来讲:

(1)整体印象:①稿件是否满足原创性?②稿件的结构是否合理?

(2)摘要:①结构是否合理?②是否包含结论?③长度是否合适?

(3)引言:①结构是否清晰?②文献调研角度是否与研究内容契合?③文献调研是否深入?④文献调研总结是否合理?⑤是否清楚展示了前人研究的不足?⑥是否过度贬低前人研究?

(4)研究方法:①数据是否具有可重复性?②是否考虑误差或重复性实验?③研究方法是否清晰合理?④实验量(数据组)是否足够充分?

(5)结果分析与讨论:①数据分析是否合理深入?②逻辑演绎是否正确合理?③结果展示是否清晰?④结论推导是否清晰合理?

(6)图表:①图表展示是否清楚?②图表数量是否合理?

(7)结论:①结论的通用性是否足够?②研究结论的意义是否明确?③内容是否与摘要重复?④研究的局限性是否清晰?⑤结构和长度是否合理?

(8)参考文献:①文献的数量和质量是否合理?②参考文献是否包含最新研究成果?③格式是否统一?

2.2　拒稿原因

同行评审后,对投稿论文给出的评审结论包括:①直接接受与发表;②修改后发表;③修改后重审;④完全拒稿。

拒稿是学术界非常普遍的现象,顶级知名期刊的拒稿率甚至为90%以上,因此就算是学术大家也一定曾经被拒稿过。常见的拒稿原因分析如下。

(1)研究工作不够原创、创新或重要:①结果无概括性;②已经有新的技术可以取代研究所使用的方法;③扩展或复制已发表成果的二次分析未补充充实的专业知识;④研究只是报告已为人所知的知识,而未将其扩展至新的地理、人群或文化背景使研究缺乏创新性;⑤非原创性、可预见性或无意义的结果;⑥无理论或实际意义。

(2)研究设计存在缺陷:①研究问题不当;②回答研究问题的方法设计不当;③采用的方法无效或不可靠;④选择与研究问题不相符的方法或模型;⑤统计分析错误;⑥数据不可靠或不完整;⑦研究使用的仪器不当或不达标准;⑧样品数量过少或样品选择不当。

(3)写作或组织太差:①方法说明不充分;②讨论章节仅重复研究结果而未

进行解释；③研究的原理阐述不充分；④文献综述不充分；⑤研究数据好像不支持结论；⑥未将研究置于广阔的背景中；⑦前言部分未确立研究问题的背景。

(4)投稿准备不充分：①未遵守期刊的《投稿须知》要求；②论文语言表达不够言简意赅；③论文题目、摘要和投稿信没有说服力；④过度使用专业术语或晦涩词语；⑤存在大量的语法或拼写错误；⑥图表设计不够精致。

(5)除论文质量要素外，其他影响期刊决策的要素：①容量限制；②投稿数量；③审稿人主观认识；④相似主题论文；⑤期刊决策策略；⑥专刊出版。

3 高质量论文的基本特征及如何避免拒稿

3.1 高质量论文的基本特征

高质量论文的基本特征：①细致准确的统计方法和表格；②全面清晰的研究过程；③高精度的图形与图像；④正确的文法和措辞；⑤全面、准确、规范的参考文献。

或者说，高水平学术论文应满足：选题的新颖性、立意的独创性、方法的科学性、分析的深刻性、论证的逻辑性、表达的规范性、语言的可读性、结论的创新性。

3.2 如何避免拒稿

3.2.1 从审稿人视角评估论文质量

(1)研究内容的正确性和可读性。

①研究最主要解决的问题是什么？是否已经明确说明？

②研究在实验设计的可行性上是否正确？有没有明显的错误？

③所采用的研究方法和技术是否合适？分析方法和数据处理是否正确？

(2)研究内容的原创性和趣味性。

①研究工作是否属于原创？它是否包含了最新的实验结果，以至于可以在一定程度上推动该研究领域的发展？还是只是在先前研究成果基础上的一些补充或延伸？

②论文的任何一部分是否已经发表过？或是准备考虑今后发表在其他出版

物上？

③实验结果对目标期刊的受众群体是否有一定的意义和重要性？觉得这篇论文在未来可能会被他们引用吗？

④论文在科学层面上是否合理？是否对读者造成误导？它是否提供了足够的信息有利于同行专家的深入讨论？

(3)研究内容的写作质量。

①论文写作水平是否能够达到进入期刊同行评审过程的要求？

②论文是否是一篇结构完整的科学论文？有无任何关键部分和重要信息的缺失？

③标题是否充分概括了论文的主要内容并且简洁明了？

④摘要是否精练地描述了研究论文的基本信息？

⑤引言部分是否充分、全面地阐述了研究课题的背景、目前的研究现状以及存在的问题？这项研究工作的重要性和实用性是否已表达清晰？是否遗漏了非常重要的引用文献？

⑥得到的实验结果在逻辑上是否足以支持最后的结论？

⑦是否提供了足够的参考文献来支撑研究背景？参考文献数量是否符合期刊的要求？

⑧稿件长度和格式排版是否符合目标期刊的要求？英文写作是否可以被别人理解，有没有十分明显的语法错误？

⑨所绘制的图片和表格是否容易被阅读，数据是否正确翔实？

3.2.2　精心绘制图表

论文缺乏创新性是SCI期刊拒稿的第一原因，但也有很大一部分原因是论文本身的写作质量不高，而图表绘制问题是论文质量问题的主因。图表绘制的原则为：凡是能够用文字表达清楚的就不用作图表；凡是用表能够一目了然表示的就不用作图。强调精确表达，采用表格；强调变化趋势，采用图示，可酌情考虑二者选其一。图表常见问题分析如下。

(1)数据重复使用。在论文写作中，重复使用数据是大忌。有的作者使用同一组数据既作图又作表，这会给审稿人传达两个信号，一是实验数据不够，二是作者缺乏论文写作常识，这两点无一不在告诉审稿人，作者的学术科研能力很差，这篇论文质量很低。

(2) 图表内缩写或者单位不规范。图表内缩写或者单位是论文写作容易忽视的点，很多作者根据个人喜好随意而定：未使用固定缩写；数据单位不遵循国际标准命名原则；大小写随意。

(3) 表格中数值表示不统一。很多作者计算结果不精确，小数位数不统一。数值的精确性是科学实验结果是否严密的具体体现。所有的数据都是经过原始数据计算得出的，因此往往不是整数，这就要求作者统一小数位数，大多数精确至小数点后两位即可。另外，表格中同一指标数字的有效位数应一致，不足者以“0”补足。

(4) 缺图示或无表题等问题。图示和表题是图表不可或缺的重要组成部分，它们是对图表内容的概括，读者第一眼先看的往往是图示和表题，它们起到引导阅读的作用。

(5) 图表设计不当。图表的横排纵列之间是具有严密的逻辑关联的，其设计初衷是便于读者对照和比较数据结果，从而直观地得到作者传达的观点和结论。不合理的图表设计会造成读者对论文内容的误解，引起审稿人对论文质量的怀疑，乃至否定实验设计的存在意义。另外，表格一般使用三线表。

(6) 缺少统计学分析。图表是对实验原始数据的总结与延伸，所有的数据理论上都应该是经过统计学处理的。如果没有统计学分析意味着可能只做了一次实验，实验结果可能是偶然的，审稿人会进一步怀疑论文数据的真实性。因此，如果没有统计学分析请单独注明原因。

(7) 图片存在问题。一是清晰度问题，请注意论文中图片的最低像素为 300 dpi，各期刊对图片格式的要求也各不相同。作者需保存原始图片，以方便格式转换。否则审稿人会在审稿意见中指出图片像素过低或图片不符合期刊要求。二是图像处理的问题，当然此处指非造假拼接图片，部分作者出于使图片更加美观或删除假阳性结果的目的而对图片进行修饰，这在高水平期刊中是不允许的。

3.2.3 《中国有色金属学报》中、英文版拒稿原因分析

(1) 宗旨不符，选题不新；立意不高，目的不明。

(2) 涉及过宽，聚焦不中；内容偏少，数据靠拼。

(3) 语言不通，图表难懂；结构松散，逻辑不顺；分析欠妥，讨论不深。

(4) 引文随性，著录不全；偏多偏旧，不甚相关；引述过度，涉嫌不端。

(5) 摘要结论，模糊不清；人云亦云，亮点难寻。

第六讲

尊重同行审稿意见　提高论文修改质量

PPT

导读

成功处理一份稿件取决于三个因素：收到的是一份写得好、有创新的稿件；遇到的是一位知情、公正的编辑；找到的同行审稿人会给出建设性意见。本讲阐述标准化审稿意见、回复审稿意见的10个原则、审稿意见回复举例及常用语句、常见问题及修改和审稿人的忌讳、如何面对拒稿，以及拒稿后修改重投或改投。

1 标准化审稿意见

乌什马·尼尔(Ushma S. Neil)指出，成功处理一份稿件取决于三个因素：①收到的是一份写得好、有创新的稿件；②遇到的是一位知情、公正的编辑；③找到的同行审稿人会给出建设性意见。

艾伦·迈尔(Alan Meier)建议的标准化审稿意见，包含六个部分的内容：

(1)稿件信息(title and author of paper)。稿件信息包括作者、标题、期刊和稿件编号等。

(2)简介(summary of paper)。在简介中指出作者考虑了什么问题，做了哪些工作，报道了什么内容。

(3)论文的优点(good things about the paper)。从论文涉及的问题的重要性、论文的观点、采用的方法、得到的结果、对结果的解释、给出的结论、成果的价值和论文的写作等几个方面，遴选出值得称赞的地方，借此说明论文有什么值得肯定的优点。

(4)重点问题(major comments)。在重点问题中，一般先用几句话概述论文有什么不足，用明确的语言告诉作者需要如何面对这些问题。接下来按条目给出具体意见，条目顺序一般遵循所指出的问题在论文中出现的前后顺序。如果一些问题与论文前后几个部分有相关性，则在最后一个相关部分对应的位置进行评论。

(5)次要问题(minor comments)。次要问题涉及写作风格、拼写、语法、图表质量、术语的解释、失误、交叉引用错误、漏引文献和表述方式等。审稿人认为语言存在较多问题时，会建议在修改时寻求语言专家帮助润色。

(6)推荐意见(recommendations)。最后一段给出推荐意见。有时，推荐意见不会发给作者，只发给主审编辑。推荐意见一般有四类：①直接录用(accept)；②做小修改后可以录用(minor revision)；③重大修改(major revision)，对于这种情况，最终推荐意见还需要依赖修改稿做出；④拒稿(rejection)。

2　回复审稿意见的10个原则

回复审稿意见是一个合作的过程，目的是提高论文质量和可接受性。尽管作者可能不同意某些审稿意见，但应该找到一个可以满足审稿人和编辑的解决方案。在回应专家审稿意见时，需要尊重并仔细考虑每一个意见。以下是回复审稿意见的10个原则。

原则1：在回复信开头加上一段话。不要一开始就放审稿意见和回复。最好先简单总结此次修订有哪些改动，回应了哪些重要的意见。然后再逐条回复审稿人的意见。

原则2：保持礼貌和尊重。在回复审稿人意见时要写几句感谢的话，感谢审稿专家的专业意见，感谢编辑部的辛勤付出。在回复审稿意见时，一定要态度端正，礼貌谦和。

原则3：回复信要自成一体。理想的回复信应当包含所有更改。尽量不要为了让审稿人理解修改，而在回复信和文稿之间来回切换，相对独立的回复信不仅可以提高审稿人的审查效率，还可以降低审稿人提出新问题的可能性。

原则4：逐条回复。这个尤为重要，回复必须涵盖审稿人的所有问题。回答格式建议为：审稿人意见原文+感谢审稿人意见+回答内容。

原则5：排版很重要。采用合适的排版帮助审稿人理解回复。字体、颜色、缩进等形式都可以，根据自己的情况采用即可，但要在最开始规定这些元素代表什么。

原则6：直接回答问题，不要绕弯。对于有些问题，先回答“是”或“否”，再介绍后续改动。

原则7：尽量按照审稿人的要求去做。这样的回复(即使是反驳)会更有依据，也更容易让自己处在有利位置。避免让审稿人觉得作者不想费心思改论文。

原则8：明确现有版本的改动。在回复中，尽量说清楚修改后的版本和之前有哪些区别。

原则9：如有必要，写两次回复信。包括初稿和最终想让审稿人看的内容。在初稿里可以尽情发泄沮丧或愤怒的情绪，冷静以后，再来撰写“真正”的回复信。

原则 10：注意回复时间。从收到编辑回信至回复意见，时间不可短，太短显得草率，但也不能超过时间期限。

3 审稿意见回复举例及常用语句

3.1 审稿意见回复举例

(1) 实例 1。

想要说：之所以提出这个问题，就是因为没理解我们写的东西。

建议说：我们有几处表述比预想的模糊，我们已对文本做出调整，使其更加清晰明确。(Several statements that we made were more ambiguous than intended, and we have adjusted to the text to be clearer.)

(2) 实例 2。

想要说：目前没人能回答那个问题。

建议说：这个问题很合理，我们也正积极寻找答案。

或：这是个很合理的重要问题，我们也很想获知结果。但我们暂时回答不了这个问题。(This is a valid question, and we are actively pursuing the answer in our lab. /This is a valid and important question, and we are curious what the results would be. However, we are unaware of any studies that provide the answer.)

(3) 实例 3。

想要说：那种实验得花很久时间。

建议说：建议中提及的实验十分有趣，能提供与……相关的其他信息(在这里引用评审人员的意见)，但我们认为它超出了本研究的范围。(The suggested experiment is interesting and would provide additional information about …, but we feel that it falls outside the scope of this study.)

(4) 实例 4。

想要说：我们不是说已经证明了某项结论——那只是我们的假设!

建议说：我们同意这种解释目前只是推测，并且我们已对文本进行编辑，以说明本文结论仅由文中结果得出。(We agree that this explanation is speculative at this time, and we have edited the text to state that our conclusion is only suggested by our results.)

(5) 实例 5。

想要说：根本没看懂我们写的东西才有这样的疑问。

建议说：我们并非想表明……，因此我们已修改了文本，以具体说明。(We did not intend to indicate…, and we have therefore altered the text to specify that.)

(6) 实例 6。

想要说：这个无关学术观点，不过是语言或者写作结构的问题罢了。

建议说：很抱歉出现这种语法失误，我们已根据您的建议更正了文本。(We apologize for this error, and we have corrected the text as suggested.)

(7) 实例 7。

想要说：我的英文写作能力比审稿人的好，竟然挑剔我的语法？

建议说：我们的文稿已被英文母语的人完成了对语言的修改润色，提高可读性。同样地，如果可以提供语言编辑证书，更可以打消编辑对语言方面的疑虑，关注研究发现的本身。(Our manuscript has been reviewed by a native English speaker and revised to improve readability.)

3.2 常用语句

(1) 开头。

Thank you for providing these insights.

Thank you for your suggestion.

That is an interesting query.

This is an interesting perspective.

We agree with you.

We agree with your assessment.

You have raised an important question.

You have asked an interesting question.

(2) 同意审稿或期刊编辑意见。

We agree with you and have incorporated this suggestion throughout our paper.

We have reflected this comment by …(page #, lines #-#).

We have incorporated your comments by …(page #, lines #-#).

We agree that …

We have now [X] (page #, lines #-#) and [Y] (page #, lines #-#). We think these changes now better [Z]. We hope that you agree.

(3)不同意评审或期刊编辑意见。

You have raised an important point; however, we believe that [X] would be outside the scope of our paper because ...

This is a valid assessment of ...; however, we believe that [X] would be more appropriate because ...

We agree that ...; however, due to [X], we believe that ...

In our revisions, we have attempted to [X] (page #, lines #-#); however, we have retained some of our arguments because ...

We acknowledge that [X] has certain limitations; however, ...

(4)解释澄清。

We have clarified that ... means ... (page #, lines #-#) throughout the paper.

We have redrafted the [X] section (page #, lines #-#) to establish a clearer focus.

We have revised the text (page #, lines #-#) to reflect ...

We removed [X] (from page #, lines #-#) and hope that the deletion clarifies the points we attempted to make.

We have replaced the term [X] throughout the paper with [Y] to use more precise terms.

We have rewritten [X] (page #, lines #-#) to be more in line with your comments. We hope that the edited section clarifies ...

We have elaborated on [X] (page #, lines #-#) and expanded our consideration of [Y]. We hope these revisions provide a more [balanced] [thorough] discussion.

(5)额外的信息与解释。

We have included a new Figure # (page #) to further illustrate ...

We have added a new Table # (page #), which outlines ...

We have supplemented the [X] section with explanations of [Y] (page #, lines #-#).

There are multiple reasons/approaches to ..., including [our scenario]. We have included an acknowledgment regarding this point in the [X] section (page #, lines #-#).

We have not done ... However, we believe that [doing X] (page #, lines #-#) would address this issue because ...

We have not done ...; however, our sense is that ...

4 常见问题及修改和审稿人的忌讳

4.1 常见问题及修改

(1) 语言问题。语言问题包括：滥用介词导致主语缺失；词序安排不当；词语运用不当；常用字词使用错误。语言问题是最为常见的审稿人意见，这类问题是可以交给专业的润色机构解决的，专业的事情就应该交给专业的人去做。当然，也可以请高水平的同行专家帮助修改和润色语言，使论文的语言表达满足期刊投稿要求。

(2) 补充必要参数或者参考文献意见。可通过添加图表的方式把补充必要参数的问题解答清楚。在补充参考文献方面，只要是审稿人提出的文献一定要补充上；如果只提了参考文献数量不够，那至少要增加 1/3 的数量。

(3) 数据分析方法调整意见。这种情况下最好按照审稿人的意见修改，无外乎换一种结果的表现形式，对于原始数据影响不大。

(4) 补充实验数据意见。这一类问题最难修改，并且修改的周期也会很长。如果确实有条件补充实验数据的话，尽量补充。若确存困难，如实说明，争取审稿人的理解。

4.2 “小修”的常见问题

(1) 文献综述不完整。评审专家基于对稿件主题的专业知识背景，认为尚未包含最新的出版物。

(2) 研究的相关性和独创性未突出。SCI 论文作者要避免自大，但部分作者可能过于谦逊，导致文中对研究的独创性和相关性反映不足。当论文中提供了有价值的贡献(例如通过提供独特的理论框架或采用原创方法)时，应该加以强调。

(3) 图表或图例需要修正。许多稿件需要进行小的修改，例如更好地说明数据、提供额外的信息或在图例中提供更详细的解释。图表和图例还需要符合期刊在大小、颜色等方面的要求。

(4) 一些句子或段落不够清晰。“小修”涉及非常详细的反馈。这可能是一个不够清晰的句子、需要重新写的段落或一个关键术语的定义缺失。

(5) 结构待改进。轻微的重组意味着通过相对简单的改变，如将分析分成几个小节以优化逻辑、提高文稿可读性。

(6) 存在语言错误。有时，一篇稿件只需要最后的语言编辑，就能够发表。这包括拼写、语法错误，有歧义的句子和一些奇怪的表达方式，只需进行语言润色，就能有效提高文稿质量、加速出版进程。

4.3 “大修”的常见问题

(1) 主要论点不明确。一些文稿符合一般学术标准并得出了有趣的结论，但关键信息没有得到充分阐述。一份优秀的文稿应该在提出明确论点的同时，包含清晰的核心信息。

(2) 理论框架需完善。那些忽略了相关文献或重要理论的理论框架可能是不完整的，这类文稿提出了有前途但尚未完善的理论框架，通常会被期刊编辑要求进行“大修”。

(3) 需要加强证据支持。文稿应该提出清晰的论点，学术期刊甚至欢迎具有挑战性的观点。然而，这些观点必须得到令人信服的证据支持。在某些文稿中，这些证据不足，需要更详细的信息、计算、示例、图表或引用来支持。

(4) 部分不合逻辑或不清晰。文稿中的一些部分或段落难以理解，作者需要将其删除、重新排序或重写。文稿中存在过多的结构问题通常会导致“修改后重新提交”的结果。

4.4 “小修”和“大修”的区别

(1) “小修”通常意味着作者仅需对论文进行有限的更改即可改善文稿以便发表。根据“小修”的程度，编辑可能会决定不再将其送去重新进行同行评审。

(2) “大修”意味着作者需要在文稿发表之前进行更实质性的修改，返修论文大多还要再交给审稿人重新审查，以确定问题是否得到了解决并且没有新的修改意见。如果作者的修改和答复无法令审稿人满意，文稿可能还需要进一步的修改，或被拒绝发表。

(3) 当然，即便稿件一经发出就收到期刊编辑接受投稿(accept submission)的决定，仍可能被要求进行格式排版、英文语言润色等编辑优化工作。

(4) 在学术写作中，接受审稿意见是提高论文质量和写作能力的途径。无论是“小修”还是“大修”，都应该以积极的心态对待，将审稿人的建议视为有益的反馈，以提升自己的学术研究水平。

4.5　审稿人的忌讳

审稿人对下面几种回复方式不能忍受：

(1) 不进行逐一回复，故意漏掉一些关键问题不答。

(2) 一些很简单的修改意见，比如说补充一些表格或者修改一下图表的表达形式，以各种理由拒绝修改。

(3) 对一些比较尖锐的提问，顾左右而言他，兜圈子想蒙混过关。

5　如何面对拒稿

5.1　正确面对拒稿

论文审稿的最终结果由主审编辑决定。主审编辑一般会邀请多名审稿人审阅论文，综合几位审稿人的意见和自己的判断来做出录用、修改或拒稿的决定。如可能有两位审稿人建议录用或修改，一位建议拒稿，此时，如果主审编辑认为拒稿建议有道理，那么就会采纳拒稿建议。

以下10种情况可能会成为拒稿的理由：

①论文的主题没有意义；②结果和结论没有价值；③论文逻辑或写作不严谨；④存在重大的原则性错误；⑤低水平工作；⑥基于陈旧方法的工作；⑦结果和结论不可靠；⑧论文内容与目标期刊不符；⑨论文工作质量与目标期刊的要求相距甚远；⑩疑似有学术不端。

比较让作者难以接受的是，有时审稿人明显是出于认识不足或者有误解而作出拒稿建议。如果主审编辑依据审稿人的建议作出了拒稿决定，那么首先还是应该写一封感谢信，这对作者未来投稿还是有积极作用的。如果作者认为拒稿不公正，那么一种方式是给主编写申诉信，另一种方式是按审稿意见改进稿件后再次投稿。

5.2 拒稿后修改重投或改投

5.2.1 修改内容

主要指对论文引用的材料增加、删节或调整。材料是论文中的“血肉”，它是证明观点的论据，是论点成立的依托。对选用材料的基本要求：一是必要，即选用说明观点的材料；二是真实，即所用的材料必须符合实际，准确可靠；三是合适，即材料引用要恰当，不多不少，恰到好处。

在修改论文时，要看引用的材料是否确凿有力，是否有出处，是否能相互配合说明论点，是否发挥了论证的力量，是否合乎逻辑，是否具有说服力；要把不足的材料补足，要把空泛、陈旧、平淡的材料加以调换，要把不实的材料和与主题无关的材料坚决删除。

5.2.2 修改论文结构

结构是论文表现形式的重要因素，是论文内容的组织安排。结构的好坏，直接关系着论文内容的表达效果。

调整结构，要求理顺思想，检查论文中心是否突出，层次是否清楚，段落划分是否合适，开头、结尾、过渡如何照应，全文是否构成一个完整的严密的整体。

调整的原则和要求是要有利于突出中心论点，服务于表现中心论点。

5.2.3 修改语言

语言是表达思想的工具，要使论文写得准确、简洁、生动，就不能不在语言运用上反复推敲修改。论文的语言修改，主要是在三方面下功夫：

一是表达清楚而简练。用最少的文字说明尽可能多的问题。为了使论文精练，必须把啰嗦、重复的地方改为精练、简洁的文字。

二是文字表达的准确性。就要把似是而非的话，改为准确的文字。

三是语言的可读性。要把平淡的改为鲜明的，把拗口的改为流畅的，把刻板的改为生动的，把隐晦的改为明快的，把含糊、笼统的改为清晰、具体的。

5.2.4 修改语法

一般现在时：用于说明研究目的、叙述研究内容、描述结果、得出结论、提出建议或讨论等。涉及公认事实、自然规律、永恒真理等的，也要用一般现在时。

一般过去时：用于叙述过去某一时刻的发现、某一研究过程(实验、观察、调查、医疗等过程)。用一般过去时描述的发现、现象，往往是尚不能确认为自然规律、永恒真理，只是当时情况，所描述的研究过程也明显带有过去时间的痕迹。

现在完成时和过去完成时：完成时少用。现在完成时把过去发生的或过去已完成的事情与现在联系起来，而过去完成时可用来表示过去某一时间以前已经完成的事情，或在一件过去事情完成之前就已完成的另一过去行为。

第七讲

熟悉期刊出版伦理　避免学术不端行为

PPT

导读

伦理学是哲学的分支学科，它以人类的道德问题作为研究对象，是关于道德问题的科学，是道德思想观点的系统化、理论化。科技期刊出版伦理涉及写作伦理、评审伦理、编辑伦理、出版伦理等。科技期刊的出版伦理问题主要表现为研究者发表过程中的学术不端以及审稿人、编辑和出版者在出版过程中的学术不端。学术不端行为损害学术形象，抑制学术研究的创新发展；败坏学术界的声誉，危害社会风气；损害科学研究的诚信和正常的学术秩序；降低学术界和知识分子的社会公信力。本讲阐述论文作者学术不端行为的主要表现形式，即剽窃、伪造、篡改、不当署名、一稿多投、重复发表等，以及期刊对学术不端行为的认定和处理、学术不端行为举例、国家对学术不端行为的惩处。

根据《学术出版规范　期刊学术不端行为界定》(CY/T 174—2019)，论文作者学术不端行为主要包括：剽窃(plagiarism)、伪造(fabrication)、篡改(falsification)、不当署名(inappropriate authorship)、一稿多投(duplicate submission/multiple submissions)、重复发表(overlapping publications)。中共中央办公厅、国务院办公厅印发的《关于进一步加强科研诚信建设的若干意见》(2018年3月28日中央全面深化改革委员会第一次会议通过)，针对严重违背科研诚信要求的行为提出了处理方法。

1　剽窃

1.1　观点剽窃

不加引注或说明地使用他人的观点，并以自己的名义发表，应界定为观点剽窃。观点剽窃的表现形式包括：

(1)不加引注地直接使用他人已发表文献中的论点、观点、结论等。

(2)不改变其本意地转述他人的论点、观点、结论等后，不加引注地使用。

(3)对他人的论点、观点、结论等删减部分内容后，不加引注地使用。

(4)对他人的论点、观点、结论等进行拆分或重组后，不加引注地使用。

(5)对他人的论点、观点、结论等增加一些内容后，不加引注地使用。

1.2　数据剽窃

不加引注或说明地使用他人已发表文献中的数据，并以自己的名义发表，应界定为数据剽窃。数据剽窃的表现形式包括：

(1)不加引注地直接使用他人已发表文献中的数据。

(2)对他人已发表文献中的数据进行少许修改后，不加引注地使用。

(3)对他人已发表文献中的数据添加一些内容后，不加引注地使用。

(4)对他人已发表文献中的数据进行部分删减后，不加引注地使用。

(5)改变他人已发表文献中数据原有的排列顺序后，不加引注地使用。

(6)改变他人已发表文献中数据的呈现方式后，不加引注地使用，如将图表转换成文字表述，或者将文字表述转换成图表。

1.3 图片和音视频剽窃

不加引注或说明地使用他人已发表文献中的图片和音视频，并以自己的名义发表，应界定为图片和音视频剽窃。图片和音视频剽窃的表现形式包括：

(1) 不加引注或说明地直接使用他人已发表文献中的图像、音视频等资料。

(2) 对他人已发表文献中的图片和音视频进行些微修改后，不加引注或说明地使用。

(3) 对他人已发表文献中的图片和音视频添加一些内容后，不加引注或说明地使用。

(4) 对他人已发表文献中的图片和音视频删减部分内容后，不加引注或说明地使用。

(5) 对他人已发表文献中的图片增强部分内容后，不加引注或说明地使用。

(6) 对他人已发表文献中的图片弱化部分内容后，不加引注或说明地使用。

1.4 研究(实验)方法剽窃

不加引注或说明地使用他人具有独创性的研究(实验)方法，并以自己的名义发表，应界定为研究(实验)方法剽窃。研究(实验)方法剽窃的表现形式包括：

(1) 不加引注或说明地直接使用他人已发表文献中具有独创性的研究(实验)方法。

(2) 修改他人已发表文献中具有独创性的研究(实验)方法的一些非核心元素后，不加引注或说明地使用。

1.5 文字表述剽窃

不加引注地使用他人已发表文献中具有完整语义的文字表述，并以自己的名义发表，应界定为文字表述剽窃。文字表述剽窃的表现形式包括：

(1) 不加引注地直接使用他人已发表文献中的文字表述。

(2) 成段使用他人已发表文献中的文字表述，虽然进行了引注，但对所使用文字不加引号，或者不改变字体，或者不使用特定的排列方式显示。

(3) 多处使用某一已发表文献中的文字表述，却只在其中一处或几处进行引注。

(4) 连续使用来源于多个文献的文字表述，却只标注其中一个或几个文献来源。

(5) 不加引注、不改变其本意地转述他人已发表文献中的文字表述，包括概括、删减他人已发表文献中的文字，或者改变他人已发表文献中的文字表述的句式，或者用类似词语对他人已发表文献中的文字表述进行同义替换。

(6) 对他人已发表文献中的文字表述增加一些词句后，不加引注地使用。

(7) 对他人已发表文献中的文字表述删减一些词句后，不加引注地使用。

1.6　整体剽窃

论文的主体或论文某一部分的主体过度引用，或大量引用他人已发表文献的内容，应界定为整体剽窃。整体剽窃的表现形式包括：

(1) 直接使用他人已发表文献的全部或大部分内容。

(2) 在他人已发表文献的基础上增加部分内容后，以自己的名义发表，如补充一些数据，或者补充一些新的分析等。

(3) 对他人已发表文献的全部或大部分内容进行缩减后，以自己的名义发表。

(4) 替换他人已发表文献中的研究对象后，以自己的名义发表。

(5) 改变他人已发表文献的结构、段落顺序后，以自己的名义发表。

(6) 将多篇他人已发表文献拼接成一篇论文后发表。

1.7　他人未发表成果剽窃

未经许可使用他人未发表的观点，具有独创性的研究(实验)方法，数据、图片等，或获得许可但不加以说明，应界定为他人未发表成果剽窃。他人未发表成果剽窃的表现形式包括：

(1) 未经许可使用他人已经公开但未正式发表的观点，具有独创性的研究(实验)方法，数据、图片等。

(2) 获得许可使用他人已经公开但未正式发表的观点，具有独创性的研究(实验)方法，数据、图片等，却不加引注，或者不以致谢等方式说明。

2 伪造

伪造的表现形式包括：

(1)编造不以实际调查或实验取得的数据、图片等。

(2)伪造无法通过重复实验而再次取得的样品等。

(3)编造不符合实际或无法重复验证的研究方法、结论等。

(4)编造能为论文提供支撑的资料、注释、参考文献。

(5)编造论文中相关研究的资助来源。

(6)编造审稿人信息、审稿意见。

3 篡改

篡改的表现形式包括：

(1)使用经过擅自修改、挑选、删减、增加的原始调查记录、实验数据等，使原始调查记录、实验数据等的本意发生改变。

(2)拼接不同图片从而构造不真实的图片。

(3)从图片整体中去除一部分或添加一些虚构的部分，使对图片的解释发生改变。

(4)增强、模糊、移动图片的特定部分，使对图片的解释发生改变。

(5)改变所引用文献的本意，使其对己有利。

4 不当署名

不当署名的表现形式包括：

(1)将对论文所涉及的研究有实质性贡献的人排除在作者名单外。

(2)未对论文所涉及的研究有实质性贡献的人在论文中署名。

(3)未经他人同意擅自将其列入作者名单。

(4)作者排序与其对论文的实际贡献不符。

(5)提供虚假的作者职称、单位、学历、研究经历等信息。

5　一稿多投

一稿多投的表现形式包括：

(1)将同一篇论文同时投给多个期刊。

(2)在首次投稿的约定回复期内，将论文再次投给其他期刊。

(3)在未接到期刊确认撤稿的正式通知前，将稿件投给其他期刊。

(4)将只有微小差别的多篇论文，同时投给多个期刊。

(5)在收到首次投稿期刊回复之前或在约定期内，对论文进行些微修改后，投给其他期刊。

(6)在不做任何说明的情况下，将自己(或自己作为作者之一)已经发表的论文，原封不动或做些微修改后再次投稿。

6　重复发表

重复发表的表现形式包括：

(1)不加引注或说明，在论文中使用自己(或自己作为作者之一)已发表论文中的内容。

(2)在不做任何说明的情况下，摘取多篇自己(或自己作为作者之一)已发表论文中的部分内容，拼接成一篇新论文后再次发表。

(3)被允许的二次发表不说明首次发表出处。

(4)不加引注或说明地在多篇论文中重复使用一次调查、一个实验的数据等。

(5)将实质上基于同一实验或研究的论文，每次补充少量数据或资料后，多次发表方法、结论等相似或雷同的论文。

(6)合作者就同一调查、实验、结果等，发表数据、方法、结论等明显相似或雷同的论文。

7　违背研究伦理

论文涉及的研究未按规定获得伦理审批，或者超出伦理审批许可范围，或者违背研究伦理规范，应界定为违背研究伦理。违背研究伦理的表现形式包括：

(1)论文所涉及的研究未按规定获得相应的伦理审批，或不能提供相应的审批证明。

(2)论文所涉及的研究超出伦理审批许可的范围。

(3)论文所涉及的研究中存在不当伤害研究参与者、虐待有生命的实验对象、违背知情同意原则等违背研究伦理的问题。

(4)论文泄露了被试者或被调查者的隐私。

(5)论文未按规定对所涉及研究中的利益冲突予以说明。

8 其他学术不端行为

其他学术不端行为包括：

(1)在参考文献中加入实际未参考过的文献。

(2)将转引自其他文献的引文标注为直引，包括将引自译著的引文标注为引自原著。

(3)未以恰当的方式，对他人提供的研究经费、实验设备、材料、数据、思路、未公开的资料等，给予说明和承认(有特殊要求的除外)。

(4)不按约定向他人或社会泄露论文关键信息，侵犯投稿期刊的首发权。

(5)未经许可，使用需要获得许可的版权文献。

(6)使用多人共有版权文献时，未经所有版权者同意。

(7)经许可使用他人版权文献，却不加引注，或引用文献信息不完整。

(8)经许可使用他人版权文献，却超过了允许使用的范围或目的。

(9)在非匿名评审程序中干扰期刊编辑、审稿专家。

(10)向编辑推荐与自己有利益关系的审稿专家。

(11)委托第三方机构或者与论文内容无关的他人代写、代投、代修。

(12)违反保密规定发表论文。

9 期刊对学术不端行为的认定和处理

9.1 学术不端行为的指控

当期刊评审的稿件被认定可疑时，分三个步骤处理：

第一，暂停同行评议，以客观语言通知参与者评审已被停止。

第二，内部审查指控，以确定是否有理由进一步追究指控。

第三，如果指控被认为值得追究，编辑可以按照本刊规定通知各方，包括举报人、审稿人、作者及其单位或者基金资助机构。

9.2 学术不端行为的认定

科研人员所在单位应切实履行主体职责。在国家层面，应建立详细的调查学术不端行为的判则和程序要求。

9.3 期刊参与调查学术不端行为的注意事项

坚持五个原则，简明清晰地阐明事实，说明疑虑，语气尽量保持中立，不做指控。

保密原则，即不得散布未经证实的指控。

记录原则，即保持完整和准确的记录。

中立原则，即保持中立，说明事实，不做指控。

申诉原则，即给予被指控者回应的机会。

通知原则，即将相关信息通知所有有关各方，包括举报人、审稿人、作者及其单位或者基金资助机构。

9.4 期刊对疑似学术不端行为的检查方法

(1)文本查重工具。

中文文本对比系统主要有两个可供选择：AMLC——“中国知网”学术不端文献检测系统；PSDS——“万方数据”学术不端文献检测系统。

(2)英文文本查重系统。

英文文本查重系统有：CrossCheck、Plagiarism、Word-Check、PaperPass、Turnitin 等。

(3)图片检测系统。

图片检测系统有：Droplets 应用程序(https://ori.hhs.gov/content/droplets)和 Motuin 造假检测系统(http://motuin.org/)。

(4)统计与检测。

期刊编辑可在 Microsoft Excel 中验证统计学结果，以发现统计数据造假。

也可利用统计规律如统计量分布值与等值关系规律、效应区间值与等值关系规律等，发现统计结果造假。

(5)“代写代投”识别。

编辑可通过关注注册账户用户名及密码的规律性，作者手机号及登录系统所用 IP 地址的归属地，作者学历、职称以及论文本身质量等相关信息，提高识别“代写代投”论文的能力。

9.5 期刊对学术不端行为的处理

期刊参与调查学术不端行为的注意事项：

- 对可疑论文的汇报原则。
- 可疑稿件的处理程序。
- 所有作者签名原则。
- 提交数据原则。
- 同行评审原则。
- 勘误、撤稿和关注声明。

期刊对疑似学术不端行为的应对策略：

- 面对学术不端行为的指控，出版单位有义务配合相关单位的调查工作，维护科学文献的真实性和完整性。
- 当指控涉及作者时，相关论文的同行评审和出版流程将暂停，同时开始对该论文进行调查。
- 当审稿人被发现有学术不端行为时，会被从期刊中移除。
- 指控人的信息都将保密，除非指控人自己要求公开个人信息。
- 已发表的论文若被确认存在学术不端行为，则发出撤稿通知，并通知第一作者或通信作者所在单位。
- 对涉及作者的学术不端稿件，期刊需及时通知第一作者和通信作者。

更正论文的三种类型：

- 勘误。
- 撤稿。
- 关注声明。

10 学术不端行为举例

近年来，尽管国家有关部门对学术不端行为采取了积极防范措施，并对有关失范行为进行了相应处罚，但各种学术不端行为仍然较为严重。

2022 年，国家自然科学基金会全年累计完成 533 件案件的查处，召开五届十三次至十六次监督委员会全体委员会议，对 244 件需要开展集体研判的重要案件提出处理建议；经委务会议审定，对 397 位责任人和 6 家依托单位作出处理，其中通报批评 82 人，撤销获资助国家自然科学基金项目 74 项，撤销国家自然科学基金项目申请 112 项。

2022 年，国家自然科学基金会完成对评审专家库近 27 万名专家信息的首次联合惩戒诚信审核，对存在违法犯罪、抄袭剽窃、伪造篡改等不同类型失信行为记录的 160 人，在科学基金网络信息系统中进行分类标注，限制参与科学基金评审。

2022 年，国家自然科学基金会共收到关于科学基金项目资金违规管理、使用的投诉举报案件 47 件，按程序办结 16 件。

11 国家对学术不端行为的惩处

中共中央办公厅、国务院办公厅印发了《关于进一步加强科研诚信建设的若干意见》(简称《意见》)，并发出通知，要求各地区各部门结合实际认真贯彻落实。《意见》指出，近年来，我国科研诚信建设在工作机制、制度规范、教育引导、监督惩戒等方面取得了显著成效，但整体上仍存在短板和薄弱环节，违背科研诚信要求的行为时有发生。

针对严重违背科研诚信要求的行为，《意见》对相关行业主管部门或责任人所在单位的不同情况也进行了区分：

(1) 对责任人进行科研诚信诫勉谈话。

(2) 取消项目立项资格，撤销已获资助项目或终止项目合同，追回科研项目经费。

(3) 撤销获得的奖励、荣誉称号，追回奖金。

(4) 依法开除学籍，撤销学位、教师资格，收回医师执业证书等。

(5)一定期限直至终身取消晋升职务职称、申报科技计划项目、担任评审评估专家、被提名为院士候选人等资格。

(6)依法依规解除劳动合同、聘用合同。

(7)终身禁止在政府举办的学校、医院、科研机构等从事教学、科研工作等处罚，以及记入科研诚信严重失信行为数据库或列入观察名单等其他处理。

(8)严重违背科研诚信要求责任人属于公职人员的，依法依规给予处分；属于党员的，依纪依规给予党纪处分。

(9)涉嫌存在诈骗、贪污科研经费等违法犯罪行为的，依法移交监察、司法机关处理。

(10)对包庇、纵容甚至骗取各类财政资助项目或奖励的单位，有关主管部门要给予约谈主要负责人、停拨或核减经费、记入科研诚信严重失信行为数据库、移送司法机关等处理。

第八讲

撰写优质文献综述　掌握学科前沿动态

PPT

导 读

中国古代先贤陆游的"古人学问无遗力，少壮工夫老始成"指出了治学之难，林则徐的"海到无边天作岸，山登绝顶我为峰"表明了治学之志，韩愈的"书山有路勤为径，学海无涯苦作舟"指明了治学之路，王安石的"不畏浮云遮望眼，自缘身在最高层"表达了治学之乐。文献综述是学术研究者就具体学科、具体专业领域，甚至具体研究方向的海量文献进行详尽搜求、认真阅读、冷静分析、科学归纳、客观评述而生成的一种学术性论文。文献综述是研究的第一步，其目的在于了解前人说过什么，这实际上也决定了我们能够说些什么。本讲阐述文献综述的作用及分类，目的、内容和难点，特点和要求，结构、写作原则和方法，写作，注意事项和常见问题。

1 文献综述的作用及分类

1.1 作用

文献综述是在确定了选题后，在对选题所涉及的研究领域的文献进行广泛阅读和理解的基础上，对该研究领域的研究现状(包括主要学术观点、前人研究成果和研究水平、争论焦点、存在的问题及可能的原因等)、新水平、新动态、新技术和新发现、发展前景等内容进行综合分析、归纳整理和评论，并提出自己的见解和研究思路而写成的一种学术性论文。它要求作者既要对所查阅资料的主要观点进行综合整理、陈述，还要根据自己的理解和认识，对综合整理后的文献进行比较专门的、全面的、深入的、系统的论述和相应的评价，而不仅仅是相关领域学术研究的“堆砌”。文献综述有三个作用：澄清贡献，提供理论框架，提出理论缘由。

1.2 分类

1.2.1 大综述和小综述

(1) 大综述。大综述是对整个领域的相关文献资料进行总结。

(2) 小综述。小综述是对与作者自己研究课题(某研究点)直接相关的文献资料进行总结。

1.2.2 归纳型、普通型和评论型综述

根据搜集的原始文献资料数量、提炼加工程度、组织写作形式及学术水平的高低，综述可分为归纳型(资料整理型)、普通型和评论型(综合研究型)。

(1) 归纳型综述。按一定顺序分类排列，使其互相关联、前后连贯，而撰写成的具有一定条理性、系统性和逻辑性的综述。它能在一定程度上反映出某专题、某领域的当前研究现状与进展，但较难有作者自己的见解和观点。

(2) 普通型综述。在搜集较多文献资料的基础上撰写成的系统性和逻辑性比较强的综述，行文中能表达出作者自己的观点或倾向性。它对从事某专题、某领域工作的读者有一定的指导意义和参考价值。

(3) 评论型综述。在搜集大量文献的基础上，对原始文献资料归纳整理、

综合分析而撰写成的反映当前该领域研究进展和发展前景的议论性综述。其逻辑性强，有较多作者自己的见解和评论，对读者的研究工作有普遍指导意义。

综述不描述作者自己进行的原始研究，而是作者通过检索和搜集以前发表的关于某个主题的研究，对这个特定的主题做一个概述。

2　文献综述的目的、内容和难点

2.1　目的

任何研究都不是凭空产生的，而是在前人研究的基础上从某个方面进行深化，都具有一定的传承性。因此，文献综述是研究的第一步，其目的在于了解前人说过什么，这实际上也决定了我们能够说些什么。其目的为：

(1)展示作者对研究和学术背景的熟悉程度。

(2)为作者本人的研究建立一个理论框架和方法。

(3)将作者本人与本领域其他研究人员和行业专业的科研工作联系起来。

(4)寻找和展示作者的研究如何填补学科空白，或为学科发展作出贡献。

2.2　内容

文献综述的内容主要包括：

(1)该领域的研究意义。

(2)该领域的研究背景和发展脉络。

(3)该领域目前的研究水平、存在的问题及可能的原因。

(4)进一步的研究课题、发展方向概况。

(5)自己的见解和感想。

2.3　难点

一篇好的文献综述既高屋建瓴，又脚踏实地；既探赜索隐，又醍醐灌顶。文献综述由“综”和“述”组成。前半部分的“综”不算太难，根据所查阅的大量文献进行综合的归类、提炼、概括即可做到。后半部分的评“述”与分析则是一篇综述质量高下的分界线，这需要融入作者自己的理论水平，专业基础，分析问题、解决问题的能力，在对问题进行合情合理的剖析基础上，提出自己独特的见解。

3 文献综述的特点和要求

3.1 特点

(1) 综合性。综述要“纵横交错”，既要以某一专题的发展为纵线，反映当前课题的进展；又要从本单位、省内、国内到国外，进行横向比较，使其更精练、更明确、更有层次和更有逻辑，进而把握本专题发展规律和预测发展趋势。

(2) 评述性。评述性是指比较专门地、全面地、深入地、系统地论述某一方面的问题，对所综述的内容进行综合、分析、评价，反映作者的观点和见解，并与综述的内容构成整体。

(3) 先进性。综述不是写学科发展的历史，而是要搜集最新资料，获取最新内容，将最新的信息和科研动向及时传递给读者。

(4) 观点和事实的兼顾性。综述不应是材料的罗列，而是对亲自阅读和搜集的材料，加以归纳、总结，做出评估，并由提供的文献资料引出重要结论。一篇好的综述，应当是既有观点，又有事实，有“骨”又有“肉”的好论文。

(5) 内容和形式的多样性。综述的内容和形式灵活多样，无严格的规定，篇幅大小不一，大的可以是几十万字甚至上百万字的专著，参考文献可数百篇乃至数千篇；小的可仅有千余字，参考文献仅数篇。

3.2 要求

一篇好的文献综述对文献资料进行分析和综合后应该达到以下要求：

(1) 比较和对照不同的作者对某一问题的观点。

(2) 把持有相同结论的作者放在一起。

(3) 对方法论部分进行批判。

(4) 留意观点之间的分歧。

(5) 突出经典研究。

(6) 突出研究中的差距。

(7) 说明自己的研究与以往的研究之间的联系。

(8) 说明自己的研究与文献之间的整体关系。

(9)总结文献，得出自己的结论。

总之，文献综述就像是一张地图，能够将文献中的相关研究都纳入这张地图中，并能够清楚标记出每个研究在文献中所处的位置及其与其他研究的关联性。

4　文献综述的结构、写作原则和方法

4.1　文献综述的结构

(1)综述引子。综述引子就是简单概括文献综述分成哪几个部分。之所以一定要讲自己研究综述分成哪几个部分，是因为我们要做的是已有研究的(知识)分类图景。

(2)研究现状。研究现状就是说明已有研究的知识脉络地图是什么。所以说，我们一定要选择一种逻辑去进行具体的研究现状评述：时间法、空间法、主题法、观点法。

(3)研究趋势。总结当下的研究整体趋势和未来趋势。

(4)综述小结。最后做小结，小结的目的就是根据研究现状和研究趋势，指出已有研究到底哪一块是需要我们去补充、回应、反驳、提升的。

4.2　文献综述的写作原则和方法

4.2.1　写作原则

(1)“5W”写作原则。“5W”原则，即按照什么人(who)、什么时候(when)、在什么地方(where)、为什么(why)、提出了什么学术观点(what)的写作方式撰写文献综述的原则。

(2)经典性原则。即文献综述的内容必须是所研究问题的经典作家的经典论著。

(3)“文献树”原则。即“学术谱系”原则，意在强调文献的“班辈”“血脉”，即次第演进关系，其目的是弄清楚研究文献的内在逻辑和演进规律。

(4)“顶天立地”原则。“顶天”要求作者从理论继承上逼近国内外学术研究前沿；“立地”则要求作者通过学术研究，理论联系实际解决现实问题。

(5)述评结合原则。文献综述写作必须述评结合。只有“述”没有“评”，文献综述是一盘散沙，也失去了撰写文献综述的目的性；只有“评”没有“述”，研究问题则持之无据，游学无根，难有说服力。

(6)服从主题原则。文献综述必须与自己研究的问题相匹配，不能脱离自己所研究问题的主题。

4.2.2 写作方法：“倒三角形法”

文献综述的写作方法很多，不同的研究者有不同的写作方法，不同的学者甚至有自己不同的写作风格。文献综述的最佳写作方法，甚至唯一正确的写作方法，就是“倒三角形法”。

具体地说，文献综述写作的“倒三角形法”，就是撰写文献综述要由宽到窄(空间上)、由远到近(时间上)次第推进，最后聚焦到一个“点”上，找到自己研究问题的逻辑起点，也就是自己所要研究问题的出发点。

至于空间幅度和时间长度的具体界限，应由作者根据研究工作的实际需要而定。一般以紧密围绕主题、有利于阐明主题为原则。

5 文献综述的写作

5.1 搜集和整理文献

文献的搜集包括检索和初步筛选两个紧密结合的方面。文献检索就是从众多的文献中查找并获取所需文献的过程。常用的检索方法有顺查法、逆查法、引文查找法和综合查找法。

与检索相伴的是对文献进行初步筛选。研究表明，按质量的优劣可将文献分为三种类别：一种是占30%左右的必要情报，一种是占5%左右的错误情报，其余的则是冗余情报。

在检索的同时，可以通过鉴别文献的真实性、先进性和适用性进行筛选。

(1)文献的真实性可从其内容、密集程度、类型、来源、出版单位、作者的身份以及引用率高低等方面来进行综合判断。

(2)文献的先进性是指在观点、方法、材料等方面有某种创造或突破，可从文献发表的时间、文献的来源、文献的影响和有关评论方面加以判断。

(3) 文献的适用性是指文献对研究适合的程度，主要考虑文献中的观点是否符合实情，与自己选题的相关程度等，可以通过读摘要、结论或绪言、跋等进行判断。

5.2 文献的分类和阅读

(1) 文献的分类。可以参考的标准有：①按学科领域分类；②按学术观点、学术流派分类；③按问题研究的历史发展阶段分类；④按研究程序或研究方法的运用分类等。

(2) 文献的阅读。选择好文献后，接下来就是阅读文献。阅读文献最常见的问题就是逐字逐句去阅读：①论文是属于哪一类研究？研究问题是什么？采用了哪种研究方法？②论文的理论依据是什么？实验怎么验证？数据处理合不合理？③论文的创新点在哪？出彩的地方在哪？对自己的研究有什么帮助？

阅读的时候，最好选择一款适合自己的文献管理软件。目前用得较多的有EndNote、Mendeley、Zotero，还有知网的 E-Study。各种文献管理软件都有自己的优缺点，可根据自己的偏好进行选择。

5.3 文献综述的结构安排

规划和组织文献综述的方法有很多种。在开始写作之前，作者应该对自己的写作方式有一个大致的了解。根据研究者的文献数量多少，可以将其中几种写作方式结合起来。例如，文献综述整体结构可能是主体性的，但每个主题都是按照时间顺序讨论的。

(1) 按时间顺序。最简单的方法是跟踪主题随时间的发展。然而，如果选择这种文献综述结构，那么要小心避免简单地按顺序列出来源，而应该试着分析形成该领域方向的模式、转折点和关键论点，需要思考并解释某些发展是如何发生的以及为什么发生。

(2) 按主题顺序。如果作者发现自己的研究问题存在一些反复出现的主题，那么可以将文献综述组织成不同的小节，讨论主题的不同方面。

(3) 按方法论顺序。作者开始是从各种研究方法或从不同学科或多领域角度获取文献资料，可能想比较不同方法得出的结果和结论。例如：在定性和定量研究中分别出现了什么结果。

(4) 按理论顺序。文献综述常常是一个理论框架的基础，因此作者可以用它来讨论各种理论、模型以及关键研究概念的定义。

研究者还可以对一种特定及相关理论方法分别进行讨论，或者结合各种理论概念为自己的研究创建一个系统的框架。

5.4 撰写文献综述论文

像任何其他学术论文一样，文献综述论文应该有引言、正文和结论。每一篇论文的内容取决于作者撰写文献综述的目的。

引言(introduction)：应明确文献综述的重点和目的。

正文(body)：根据文献综述的长度，可把正文分成几个小节，每个主题、时间段或方法使用副标题。在写作正文时，作者可以遵循以下原则：

(1)总结和综合。概述每个文献的主要观点，并将它们结合成一个连贯的整体。

(2)分析和解释。不要只是转述其他研究者的话，在可能的情况下添加作者自己的解释，讨论与整个文献相关的发现在本领域内的意义。

(3)批判性评估。提及文献研究的优缺点。

(4)使用过渡词。在结构良好的段落中写作，使用过渡词和主题句进行连接、比较和对比。

在结论(conclusion)中，作者应该总结自己从文献中获得的主要发现，并强调它们的意义。

作为一篇独立的文献综述论文，最好评价、讨论并总结所有文献的研究，并根据作者自己的思考，发现当前领域内研究的差距，为在未来进行的研究提出建议。

6 文献综述的注意事项和常见问题

6.1 注意事项

文献综述的特点使它的写作既不同于“读书笔记”“读书报告”，也不同于一般的科研论文。因此，在撰写文献综述时应注意以下几个问题。

(1)搜集文献应尽量全面。掌握全面、大量的文献资料是写好综述的前提，否则，随便搜集一点资料就动手撰写是不可能写出好综述的，甚至写出的论文根本不称为综述。

(2)注意引用文献的代表性、可靠性和科学性。在搜集到的文献中可能出现观点雷同，有的文献在可靠性及科学性方面存在着差异，因此在引用文献时应注意选用代表性、可靠性和科学性较好的文献。

(3)引用文献要忠于文献内容。由于文献综述有作者自己的评论分析，因此在撰写时应分清作者的观点和文献的内容，不能篡改文献的内容。

(4)参考文献不能省略。有的科研论文可以将参考文献省略，但文献综述绝对不能省略参考文献，而且应是文中引用过的、能反映主题全貌的、作者直接阅读过的。

6.2 常见问题

(1)文献收集不全面，遗漏重要观点。

(2)文献阅读不深入，简单罗列，“综”而不“述”。撰写文献综述必须充分理解已有观点，并用合理的逻辑将它们准确地表达出来。

(3)个人观点在综述中占主体，文献综述写成了评论或研究计划。文献综述主要是梳理相关学科领域的研究现状及动态，厘清研究现状进展与困境，为后续的研究提供参考。

(4)避重就轻，故意突出自己研究的重要性。这样做的结果只能是重复研究，其创新性是可想而知的。

(5)脉络模糊，逻辑混乱。

(6)文献资料来源、时间标注错误。

(7)引用与论文主题无关的文献资料。

(8)未能发现问题的原因是多方面的，但未发现问题不等于没有问题。

(9)文献数量过多或过少。

第九讲

拟好标题和层次标题　展示论文逻辑性和层次感

PPT

导 读

“好题文一半，花香蝶自来”，好的题目能体现研究的创新点和意义，是整个论文的窗口，应重点突出、简洁明了，涵盖主要的核心关键词。本讲探讨基于文献综述，构造研究问题；考虑研究兴趣、知识结构、基础条件和可操作性，确定论文选题；阐述标题含义、作用、类型、创建方法、注意事项和常见问题；分析层次标题与主标题的修辞关系和逻辑关系，以及常见问题。

1　选题

1.1　选题的含义

选题就是围绕所提出的研究问题，为验证所提出的假说或预设而构建的研究设计，并论证该研究设计的逻辑合理性、创新性和可行性。选题包括五层含义：

第一层含义是指研究对象。这个题对应的就是新的研究对象，这个对象在客观世界里应有原型，这个现实原型就是新事物。

第二层含义是指问题（差距+分歧）。问题反映的是理论与实践之间的差距。所谓新问题要么体现在理论上，要么体现在实践上。

第三层含义是指理论。之所以问题新，是因为研究者选择了新的理论（视角）。

第四层含义是指假说。选题里的“题”不仅是一个带有问号的问题，也不仅是认识上的分歧，更是一个针对这个问题所提出的尝试性回答。

第五层含义是指题目。题目要如何才能“辣”到眼睛呢？简言之，题目要能反映和体现新问题和新假说，有理论想象力。

1.2　构建研究问题

(1)问题陈述：指出现有文献中存在的空白或相关研究领域中亟待解决的问题。

(2)研究意义：指出这项研究的理由和背景。

(3)研究问题：指出作者想要研究的问题。

(4)研究假设：指基于研究问题所作的预测。

1.3　考虑因素

(1)研究兴趣。

(2)知识结构。

(3)基础条件。

(4)可操作性。

1.4 选题成功的基础

选题成功是研究成功的基本前提，而成功的选题基于问题意识。所谓问题意识：

一是指研究的目标取向。成功的选题应该揭示研究的目标取向，也就是要使研究达到什么样的目标。研究的目标取向所反映的是研究是否有价值，是否值得研究。

二是指研究的具体范围。成功的选题应该是范围具体的，而不是大而全的。也就是选题不能过大，过大的选题会使研究无法深入；也不能过小，过小就会使研究沉迷于琐碎的细节，从而使研究失去价值和品位。

三是指研究的学术质疑。选题一定要敢于质疑，但质疑必须要有理有据。在有理有据的基础上质疑，这样的选题一定是有价值的。

1.5 选题的难点

选题是一个文本分析工作，是要从众多文献资料中发现问题。

难点一：当我们有了一个研究主题或方向时，首先要做的就是把它概念化，也就是提炼出有关的关键概念，然后，对这些关键概念的内涵和外延做基本的了解。

难点二：找到核心要素、确立理论分析框架。首先对差距或分歧进行分类，其次是对原因进行分类，再次建立相应的分析框架来评价已有研究的认识与做法，其中最难的是将笼统的问题转化为一个具体的几个关键变量之间关系的问题。

难点三：猜想差距或分歧背后的原因，文献综述的目的就是要能找到问题背后的原因。

1.6 选题容易忽视的地方

选题这个环节经常被忽视的地方包括：

(1)选题应该有具体的内容，表现形式是问题和假说。

(2)常常将选题简单化为研究对象，忽视了从文献入手来找问题。

(3)通过文献综述来提出问题，不仅需要归纳，更需要演绎。

(4)选题的难点是找到原型问题与合适的理论框架。

(5)选题不仅是提出一个问题，更是针对某个问题给出初步的回答，尽管这只是猜想。

(6)选题 PK 的是理论，选题实际上是理论视角的创新。

(7)选题需要从概念、变量和指标三个层次来考虑可行性。

1.7　选题存在的误区

选题存在的常见误区包括：

(1)选题没有具体的问题，只谈领域与对象。

(2)选题的逻辑链条过长，涉及的理论过多。

(3)选题属于模仿与套用，没有自己的东西。

(4)选题的研究价值不高，属于稻草人理论。

2　题名

2.1 含义

标题(题名、标题或篇名)相当于论文的“标签”，是简明、确切地反映论文最重要的特定内容、研究范围和深度的最恰当的多个词语的逻辑组合，通常是读者最先浏览的内容，也是检索系统首先收录的部分，是体现论文水平与研究范围的第一重要信息。

2.2　作用

(1)揭示论文的内容。

(2)激发读者阅读全文的兴趣。

(3)方便检索人员检索。

(4)美化刊物的版面。

2.3　要求

(1)新颖：体现创新性和科学性。

(2)醒目：概括和突出主题，反映论文中最本质、最有价值、最新鲜、最具特点的内容。

(3) 确切：准确、具体、规范、专业。

(4) 完整：应尽量包含处理因素、受试对象、预期效应等。

(5) 简短：中文少于 25 个汉字，英文少于 100 个字符，有研究表明标题越短引用率越高。

(6) 清楚：不使用非公知公用、同行不熟悉的外来语、缩略语、符号、代号。

2.4 类型

标题可归纳为十二大类，其中描述型标题最为常见。

(1) 描述型标题。描述型标题是指，描述论文的主题但没有揭示主要结论的标题。例如，“常做俯卧撑对胸肌的影响”就是描述型标题。描述型标题是科技期刊中最常见的标题类型，读者需要阅读摘要或全文才能了解作者的重要结论。

(2) 陈述型标题。陈述型标题是指，标题中给出主要研究结果或结论的标题。例如，“每天做 20 次引体向上可以让背部肌肉更发达”。

(3) 提问型标题。提问型标题是指，以提问的形式介绍主题或结论的标题。例如，“气候变暖的影响真有那么大吗?”提问型标题比较少见，比较适合文献评论论文，尤其是那些关于争论比较大的话题的论文。

(4) 比较性标题。比较性标题强调研究中的比较或对比，通常包括两个或多个事物或概念。例如：“中美教育体系的比较：优点与挑战”。

(5) 分析性标题。分析性标题强调对某一主题的深入分析或批判性思考。这种题目类型要求作者对论题有深刻的理解。例如：“社交媒体对青少年心理健康的影响：一项综合分析”。

(6) 命题性标题。命题性标题提出一个观点或论断，需要在论文中提供论据和证据来支持或反驳。这种标题类型常见于辩论性或论证性论文。例如：“应该禁止使用塑料袋吗?”

(7) 探索性标题。探索性标题强调对某一领域或主题的探索和发现，通常在研究初期使用。例如：“未来的太空探索：新的机遇和挑战”。

(8) 引用性标题。引用性标题通常引用其他研究或文献，以指明研究的背景或前提条件。例如：“从达尔文到今天：自然选择的演变”。

(9) 创新性标题。创新性标题通过吸引人的方式强调研究中的新发现、新方法或新思路。例如：“一种全新的癌症治疗方法：基因编辑的未来”。

(10) 主题陈述和副标题。有些论文标题采用主题陈述和副标题的组合方式，主题陈述简要概括主题，而副标题提供更多的详细信息。例如：“环境保护法的发展与实施：一项跨国比较研究”。

(11) 艺术性标题。一些论文题目以诗意或富有创意的方式表达研究的内容，以吸引读者的兴趣。这种类型的题目可能不直接反映内容，但会引发读者好奇。例如：“时间之翼：历史的回响”。

(12) 符号性标题。符号性标题使用符号、缩写或首字母缩写词来代表研究的关键概念。这种标题可能需要读者在阅读论文后解码。例如：“AI 在医疗领域的应用：ML 与 DL 的比较”。

2.5　创建方法

最简单的方法是聚焦要素法。如果使用主题作为要素，且如果用一句完整的“主语+谓语+问题”型句子能表示作者的论文做了什么工作，那么把这个句子的主语去掉，把谓语调后或去掉，就成了标题。

例如：我们研究了空气阻力对冰雪跳台运动飞行距离的影响。

改为标题则为：空气阻力对冰雪跳台运动飞行距离的影响研究。

2.6　注意事项

(1) 准确反映研究内容。论文标题应当准确地反映研究的主题和范围。读者通过题目来初步了解论文的内容，所以标题应该简洁明了，不引起混淆。避免使用模糊或不清晰的词语。

(2) 明确和具体。标题应该具体描述研究的内容，而不是笼统或抽象的。使用清晰的词语，避免使用宽泛的词语，如“研究”或“分析”。

(3) 避免使用缩写和术语。除非缩写或术语在该领域内是广泛认可的，否则避免在标题中使用它们。标题应该容易理解，不需要读者查阅词汇表或解释缩写。

(4) 简洁而有力。标题不应过于冗长，要力求简洁，同时又要包含足够的信息，使人一目了然。

(5) 使用关键词。考虑在标题中包含一些关键词，这有助于提高论文的可搜索性，使其更容易被其他研究者找到。关键词应与研究主题相关。

(6) 考虑受众。思考目标读者是谁，他们对什么样的标题更感兴趣。标题应该吸引目标受众，使他们愿意进一步阅读论文。

(7) 表达独创性。如果研究有独特性或创新性，可以在标题中体现出来。这有助于突出作者研究的价值和重要性。

(8) 避免通用和平凡的词语。尽量避免使用过于通用或平凡的词语，这些词语不能很好地凸显作者研究的特殊性和独特性。要尽量寻找更具创意和吸引力的词语。

(9) 检查语法和拼写。标题中的语法和拼写错误会给读者留下不好的印象，因此务必仔细检查和校对标题。

(10) 避免使用问号和感叹号。问号和感叹号可以给标题增加一些戏剧性，但通常不太适用于学术论文标题。最好选择陈述性或描述性的句子。

(11) 考虑主题陈述和副标题。如果论文内容较复杂，可以考虑使用主题陈述和副标题的结构，以便更详细地描述研究内容。

2.7 常见问题

(1) 概括不确切：①题目过大，内容偏少；②题目过小，内容偏多；③文不符题；④表述不清。

(2) 写作不规范：①题目太长；②缩略词误用；③句型误用；④副标题使用不恰当；⑤连用同义、近义词；⑥拔高论文层次。

3 层次标题

3.1 层次标题的重要作用

层次标题是除论文题名外的不同级别的分标题，即文内各级小标题，它是论文的内容提纲和结构框架。层次标题在科技论文写作和利用中有着重要的作用，应该引起重视。层次标题（小标题）受制于大标题或上级标题，其范围不能大于或等于大标题或上级标题，也不可较多地重复上级标题的字面内容。

同一层次标题应尽可能采用“排比”修辞手法，即词组（一般词组）结构相同（或相近），意义相近，语气一致。也就是说，能使用的词组应是同类或大致同类，比如说，都是名词性词组或主谓词组或动宾词组等。

3.2　层次标题的拟定原则

3.2.1　规范化原则

这是就层次标题编写格式而言的。按照规定，各层次标题一律用阿拉伯数字连续编号，不同层次的数字之间用下圆点“.”相隔，末位数字后面不加点号，一般采用4级编号，即编号最多4个数3个点。各层次的序号均左顶格编排，最后一个序码之后空1字距接排标题。各层标题要醒目，其字体与非标题要有明显区别。同一层次各层内容是否列标题应一致。

3.2.2　逻辑性原则

这是就层次标题逻辑结构而言的。合乎逻辑对论文结构来说至关重要，逻辑性正是结构得以形成的前提和支撑。论文通常是由几个部分构成的，各部分的内容既彼此独立又相互联系，它们相互依存，其中存在着紧密相连的种种逻辑关系。层次标题是论文逻辑结构的外在显现，它反映论文中重要的特定内容的逻辑组合。

层次标题之间主要逻辑关系包括：

(1)并列式，问题归类，并列表达。

(2)递进式，时间顺序递进式、空间顺序递进式和推理顺序递进式。

(3)分总式，先分别比较分析，再用归纳法得出结论。

(4)总分式，先提出中心论点，再用演绎法分别阐述。

3.2.3　准确性原则

这是就层次标题文字表达而言的。准确性原则的内涵主要体现在以下三个方面。

第一，准确贴切。标题应准确是基本准则，无须论证。层次标题必须以具体确切的词语准确地概括出本层次的主要内容，不能含混不清，出现歧义。

第二，简洁精练。简洁精练的标题能使主要内容更集中，更突出，也有助于版式美观。

第三，合乎规范。作者或编辑在制定层次标题时应严格遵循编制题录、索引和检索的有关规则，所用专业词语必须规范化。

3.2.4　对称性原则

如果说规范化原则、逻辑性原则、准确性原则是三个“必须遵循”的完全原则，那么，对称性原则就是一个“应该遵循”的不完全原则。不完全原则是说并非所有的层次标题都需要遵循这一原则，而是说从语言节奏、形式美感等方面考虑，应尽可能做到层次标题之间的对称性。

3.3 常见问题

层次标题常见问题包括：

(1) 层次标题不简明、不得体。

(2) 层次标题用词不确切，含混不清。

(3) 层次标题之间缺乏逻辑关联。

(4) 层次之间衔接不上，表述混乱，不符合事物或现象的发展规律。

(5) 同一篇文稿中使用多种结构。

3.4 层次标题举例

(1)《现代粉末冶金材料与技术进展》。

1 铁基粉末冶金材料

　1.1 铁基粉末

　1.2 P/M 铁基制品

　1.3 粉末注射成形(MIM)铁基制品

　1.4 铁基粉末冶金材料的发展趋势

2 硬质合金

　2.1 超细晶和超粗晶硬质合金

　2.2 硬质合金材料的发展趋势

　　2.2.1 集成计算材料工程

　　2.2.2 硬质合金微结构调控

3 粉末冶金磁性材料

　3.1 钐钴(Sm-Co)稀土永磁材料

　3.2 烧结钕-铁-硼(Nd-Fe-B)系稀土永磁材料

　3.3 永磁铁氧体

　3.4 软磁铁氧体

　3.5 金属磁粉芯

4 粉末冶金高温合金

　4.1 粉末冶金高温合金成分

4.2　粉末冶金高温合金的制备和组织调控
4.3　粉末冶金高温合金的发展趋势
5　金属粉末增材制造(3D 打印)
5.1　金属粉末增材制造材料
5.1.1　铝合金
5.1.2　钛合金
5.1.3　铁基合金
5.1.4　镍基高温合金
5.1.5　高熵合金
5.1.6　形状记忆合金
5.2　金属粉末增材制造的技术难题
5.2.1　热裂纹
5.2.2　疲劳
5.3　金属粉末增材制造技术的发展趋势
6　放电等离子烧结(SPS)
6.1　放电等离子烧结基本原理和特点
6.1.1　SPS 烧结基本原理
6.1.2　SPS 的原子扩散
6.2　放电等离子烧结材料
6.2.1　功能梯度材料
6.2.2　铁电材料
6.2.3　磁性材料
6.2.4　纳米材料
6.2.5　非晶合金
6.3　SPS 技术的发展趋势
7　总结

资料来源：中国有色金属学报，2019，29(9)：1917-1933

对《现代粉末冶金材料与技术进展》一文而言，“1　铁基粉末冶金材料”“2　硬质合金”“3　粉末冶金磁性材料”和“4　粉末冶金高温合金”为完全并列式关系，“5　金属粉末增材制造(3D 打印)”和“6　放电等离子烧结(SPS)”为完全并列关系。考虑到内容的复杂性，为行文方便，作者将第 1~6 节采用广义的并列式关系。第 1~6 节与第 7 节构成分总式关系。

(2)《选区激光熔化成形铝合金材料体系研究进展》。

1　选区激光熔化制备铝合金技术

1.1　原理与特点

1.2　参数与策略

1.3　粉末与缺陷

2　选区激光熔化铝合金体系

2.1　Al-Si 合金

2.2　Al-Mg 合金

2.3　Al-Zn 合金

2.4　Al-Cu 合金

2.5　颗粒增强铝基复合材料

3　选区激光熔化铝合金应用现状

4　选区激光熔化铝合金研究展望

资料来源：中国有色金属学报，2024，34(1)：1-24

对《选区激光熔化成形铝合金材料体系研究进展》一文而言，“1　选区激光熔化制备铝合金技术”“2　选区激光熔化铝合金体系”“3　选区激光熔化铝合金应用现状”和“4　选区激光熔化铝合金研究展望”构成递进关系。

第十讲

把握摘要写作要点　提高论文关注度

PPT

导读

摘要是一篇不依附于原文的独立短文，富有自明性、独立性和完整性，是论文内容的高度浓缩。会议组织者、期刊编辑和审稿人非常关注摘要，它对增加期刊的摘引率、吸引读者、扩大影响具有重要意义，对论文成果的应用和推广具有积极的促进作用。本讲阐述摘要的作用及含义、特点和分类、基本要素和结构、图文摘要、写作要求与常见问题、摘要与结论的区别。

1 摘要的作用及含义

摘要一词在英文中以“abstract”表示，有“概括、提取”之意。它是科学论文的重要部分之一。成功的作者会花大量的精力来书写摘要，这就像是论文的广告。

摘要的目的是让对相关话题感兴趣的读者，能够通过进一步探索论文，为读者检索提供方便，使读者在无须参阅原文的情况下，用最短的时间快速获得原文基本信息，并决定是否必须花上较长时间去阅读全文。

摘要通常是一篇论文中唯一被阅读的部分，通常会决定读者是否下载并阅读论文的其余部分。会议组织者、期刊编辑和审稿人非常关注摘要，因为摘要是论文或演讲质量的一个很好的预测指标。一篇写得不好的摘要会说明作者缺乏经验或者不在乎质量。

国际标准化组织(ISO)《文献出版物和文献的摘要》[ISO 214—1976(E)]把摘要定义为：“对文献内容的准确扼要而不加注释或评论的简略叙述，无论作者是谁，对此均不应有所不同。”

国家标准《文摘编写规则》(GB 6447—1986)把摘要定义为：以提供文献内容梗概为目的，不加评论和补充解释，简明、确切地论述文献重要内容的语义连贯的短文。

因此，摘要是一篇不依附于原文的独立短文，富有自明性、独立性和完整性，是论文内容的“高度浓缩”。规范的摘要对于增加期刊的摘引率、吸引读者、扩大影响具有重要意义，对论文研究成果的应用和推广将起到积极的促进作用。

2 摘要的特点和分类

2.1 摘要的特点

(1)准确性。摘要的用词需要准确清晰，撰写时要避免过多的细节插述或者过于笼统的描述，这样不便于读者和审稿人理解。摘要包含的所有内容都需要在文中出现过，并能准确反映论文的目的和内容。如果研究建立在前人的某个研究的基础上，是已有研究的扩展，那么就应该在摘要中注明以前研究的作者姓名和年份。将摘要与论文的层次标题进行对比是核实摘要准确性的有效方法。

(2) 独立性。摘要应自成一体，独立成篇。缩写的使用极其容易出错，包括过度使用缩写或者错误使用缩写等，所以要对特殊的术语、缩写(计量单位除外)、省略语做出说明，写出实验药品的通用名称。新术语或尚无合适英文术语的，可用原文或译出后加括号注明原文。在引用其他文献时要充分说明文献资料的出处。

(3) 简练而具体。摘要的长度要看所投期刊的要求，不宜过长，长度一般不超过300字，每一个句子都要最大限度地提供信息，且尽可能做到简洁明了。摘要应该保持前后一致和连贯，其中所涉及的结论必须要有实验结果支撑，内容也必须与研究目的相呼应。摘要的开头可以是目的或论题，也可以是结果或结论，一般要提取出最重要的信息，但不可重复标题。

论文摘要的写作质量与论文的投稿及影响力紧密相关。优秀的摘要、恰当的关键词，能增加论文被检索出来的概率，从而增加被引用的概率。反之，论文可能会淹没在浩瀚的文献海洋中，无人问津。

2.2 摘要的分类

摘要的类型可分为描述型摘要、信息型摘要、结构化摘要、半结构化摘要、非结构化摘要。结构化摘要是科技论文最常用的摘要形式，根据其写作方式与详略程度，结构化摘要可分为报道性摘要、指示性摘要和报道-指示性摘要。

2.2.1 报道性摘要

报道性摘要是指明文献的主题范围及内容梗概的简明摘要，相当于简介(包括目的、方法过程、结果结论、创新之处)。报道性摘要一般用来反映科技论文的目的、方法及主要结果与结论，在有限的字数内向读者提供尽可能多的定性或定量的信息，充分反映该研究的创新之处。科技论文如果没有创新内容，如果没有经得起检验的与众不同的方法或结论，是不会引起读者的阅读兴趣的，所以建议作者多选用报道性摘要向读者介绍论文的主要内容，以摘录要点的形式报道出作者的主要研究成果和比较完整的定量或定性的信息。

摘要1：本文设计了三种不同Hf含量的$CoCrFeNiHf_x$(x=0.3、0.43和0.5)共晶高熵合金，并探究了Hf含量对$CoCrFeNiHf_x$共晶高熵合金显微组织、显微硬度与摩擦学性能的影响规律。结果表明：随着Hf含量的提高，铸态组织由亚共晶(初生γ相+γ/

Laves 共晶相，$x=0.3$）向共晶（γ/Laves 共晶，$x=0.43$）和过共晶（初生 Laves 相+γ/Laves 共晶相，$x=0.5$）演变，且合金的显微硬度随之增大。纳米压痕实验结果表明，随着 Hf 含量的提高，合金中初生相和共晶相的硬度均随之增大。同时，Hf 含量对摩擦因数的影响较小，但磨痕深度随 Hf 含量的增大呈先减小后增大的趋势，且合金的磨损机制由黏着磨损向磨粒磨损转变。共晶合金 $CoCrFeNiHf_{0.43}$ 表现出最佳的耐磨性，其原因是共晶合金的片层状全共晶组织在磨损过程中发生了协同变形，使得该合金在磨损过程中不易产生脆性剥落。

资料来源：中国有色金属学报，2023，33(9)：2850–2860

2.2.2 指示性摘要

指示性摘要是指明文献的论题及取得的成果性质和水平的摘要（围绕主题，不涉及方法与过程、结果与结论），其目的是使读者对该研究的主要内容（即作者做了什么工作）有一个轮廓性的了解。创新内容较少的论文，其摘要可写成指示性摘要，一般适用于学术性期刊的简报、问题讨论等栏目，以及技术性期刊等只概括地介绍论文的论题，使读者对论文的主要内容有大致的了解。

摘要 2：航空航天、武器装备等重要领域对轻量化材料的需求日益迫切，镁合金作为质量最轻的金属结构材料逐渐受到广泛关注。随着科学技术的高速发展，经过拓扑优化设计的增材制造镁合金零部件可以进一步在结构上实现轻量化，成为镁合金成形及应用的重点研究方向。本文详细介绍了关于镁合金增材制造的国内外研究现状，综合分析了镁合金增材制造研究中目前存在的主要问题，对镁合金增材制造成形技术的未来发展进行了展望。

资料来源：中国有色金属学报，2023，33(9)：2753–2773

2.2.3 报道–指示性摘要

报道–指示性摘要是以报道性摘要的形式表述论文中价值最高的那部分内容，其余部分则以指示性摘要形式表达。

摘要 3：GH4151 合金是高合金化难变形高温合金，在冶炼过程中易产生元素偏析，使铸锭具有较大的开裂倾向性。本文借助 MeltFlow-ESR 商业数值仿真软件，结合现场实际电渣冶炼工艺，对新型镍基高温合金 GH4151 电渣锭铸态组织的一次、二次枝晶间距进行模拟计算，对不同电渣重熔工艺条件下的渣池温度和金属熔池形貌进行分析，寻求合适的冶炼工艺，降低试错成本。结果表明：随着熔化速率增加（130~210 kg/h），渣池温度先升高后降低，枝晶间距呈增大趋势；金属熔池形貌整体逐渐由“U”型向“V”型转变，熔池深度与熔化速率满足一定的线性关系。渣量对熔池体积的影响较为复杂，当熔化速率为 140 kg/h，渣量由 50 kg 增加到 75 kg 时，熔池深度由 199 mm 增加到 205 mm；而当熔化速率为 180 kg/h，渣量从 67 kg 增加到 120 kg 时，熔池深度变浅。通过工业试验得到无缩孔和无裂纹缺陷的大锭型 d450 mm 电渣铸锭，渣皮厚度为 1.78 mm，与模拟结果接近。另外，实验测量的枝晶间距结果与模拟计算结果基本一致，可以利用该模拟软件对电渣锭的枝晶间距进行预测。

资料来源：中国有色金属学报，2023，33(9)：2873-2889

3 摘要的基本要素和结构

3.1 摘要的基本要素

摘要通常需要包含五个部分的内容，称为摘要的五个要素。

(1) 动机(motivation or purpose or objective)。指出为什么关心这个问题和结果，包括工作的重要性、这个领域的困难，以及如果成功的话可能会产生的影响。

(2) 问题陈述(problem statement)。解决的是什么问题？覆盖的范围是什么，是涉及比较普遍的问题还是针对特定的情况？动机和问题陈述也可以归并为“背景及目的”。

(3) 方法(approach or methods)。描述是如何解决问题或在这个问题上取得进展的。方法是模拟、分析、原型构造还是对现有数据的分析？参数适应的范围有多大？控制、忽略或衡量了哪些重要变量？

(4) 结果(results)。答案是什么？用数字具体地表示结果“更快”“更小”或“更好”，避免使用“非常”和“重大”等含糊不清的措辞，除非得到了几个数量级的改进。

(5) 结论(conclusions)。结果有什么含义、影响和价值？结果是一般性的、潜在的，还是属于一个特定的案例？

3.2 摘要的结构格式

对于学术期刊论文，一般采用“动机→问题陈述→方法→结果→结论”或“问题陈述→动机→方法→结果→结论”这样的前后顺序。但具体的结构格式应根据论文的类型及其具体内容进行选择确定，灵活运用，不能套用一种固定不变的模式。

(1)研究报告型学术论文。针对研究领域中某学科、专题、问题等的研究报告型学术论文，在科技期刊所刊载的论文中占有绝对的数量优势，是科技期刊的主要组成部分。这类论文摘要的结构格式应为：某学科(或专题、问题等)的研究结果表明(或证明了)什么(即论文的结论)，是采用什么方法进行研究的，得到了哪些与他人不同的具体的研究成果。

(2)综述型学术论文。在综合分析和评价已发表过的资料的基础上，提出该涉及专题在特定时期内发展演变的规律和趋势的综述型学术论文，其摘要的结构格式及写作内容应为：某学科(或某专题、某领域)的综述结果表明了什么，其过去、现在的发展状况及其动态情况，还存在什么问题尚待解决，建议今后的研究方向。

(3)论证型学术论文。对基础性和应用技术性学科命题进行描述和讨论的论证型学术论文来说，其摘要的结构格式应为：某命题(如公理、定理、定律、原理、原则、假说、方案等)的论证结果解决了(或支持、表明、说明了)什么问题(或假说、命题等)，该命题适用于哪些范围，使用的条件是什么等。

(4)发现、发明型学术论文。叙述科技领域某一发现或发明的学术论文，其摘要的结构格式及其写作内容应为：某事物的发现或发明表明了什么，以及其现象、本质、特征及运动规律，或者其性能、特点、原理及应用条件、范围、前景等。

(5)计算型学术论文。讨论不同类型(包括不同边值或初值条件)数学物理方程的数值计算的计算型学术论文，往往是计算机软件开发的基础，其摘要的结构格式及写作内容应为：某式子的讨论，或某方案的分析、计算或运算的数值、原理、方法与计算收敛性、稳定性、精确度等。

4 图文摘要

4.1 图文摘要的作用和基本内容

一些期刊对于稿件的要求还包括了图文摘要(graphical abstract)，其用来清晰、简洁地展示研究工作最主要的信息，与论文标题同样重要。尤其是一些影响力大的顶级期刊，大部分都会要求作者提供图文摘要。

图文摘要将研究机理及创新点以精练的语言概括出来并配以可视化图像，使研究内核一目了然。通过图文摘要，作者可以高度概括论文中的研究内容和主要创新点，吸引读者眼球并能让人快速了解论文。

图文摘要是论文的重要组成部分。对于目前很多知名的自然科学期刊，目录（table of contents，TOC）并不是简单题目的罗列，而是由题目、作者和图文摘要组成。如果出版社编辑向作者询问 table of contents 的问题，一般指的就是图文摘要部分。

随着科学研究内容越来越深化和复杂，在目录中用恰当的图片展示科研内容会让复杂抽象的科学内容更容易理解并具有传播力。

图文摘要最初由 *Annals of Surgery* 的创意总监 Andrew Ibrahim 博士引入学术出版界并推广开来。绘制图文摘要没有统一的标准，Andrew Ibrahim 博士认为好的图文摘要应具备以下几个要素：

(1) 概述研究问题——可参考论文标题或关键图表的标题。

(2) 研究结果概要——多数论文都有 3 个以上的研究发现，图文摘要则要求作者精简出最主要的 1～3 项。

(3) 被引用信息——通常包括第一作者的姓氏、目标期刊名、发表年份。

(4) 简述研究发现间的联系——术语需要和文中保持一致。

(5) 为研究发现配图——图片可以是简洁的、单一色块的图标，能达到可视化的目的即可。

(6) 带单位的研究数据——提供能支持研究发现的数字信息。

(7) 制作者信息——制作者通常是研究者本人、期刊或第三方机构。

4.2　制作 SCI 论文图文摘要的基本要求

作者在制作图文摘要时，应满足下述基本要求。

(1) 格式：需要依据期刊投稿指南中规定的格式要求制作图片，包括文件格式、字体类型、字体大小、线宽、颜色、图形尺寸等，避免因格式问题返修。

(2) 图形：图片可以是流程图、仪器符号图、数据图、线条图、化学结构图、组织细胞图、动态图等。

(3) 内容：图片可以类似于一张 Power Point 演讲稿，汇集多个插图和表格，并包含一行带有关键词的文字标题、若干行结论、机构标志(logo)、论文作者名字、发表年份、DOI 号码或 DOI 网址等。

(4) 文字注释：图片中需要添加必要的文字注释。有些期刊要求图文摘要必须带有一句说明，大约 30 个英文单词。

(5) 关键词：在图片中巧妙添加关键词，能够引起读者的共鸣和确认，因为读者通常使用关键词来检索论文摘要。

(6) 自明性：图片需要一目了然和不言自明。切忌让读者花费时间解读复杂图形，因为这会导致读者马上放弃阅读论文。

(7) 突出重点：尽量避免分散读者的注意力，删掉无须强调的细节。

(8) 扫清障碍：使用约定俗成的图例或公知公用的符号，为读者能够快速看懂内容扫清一切障碍。

(9) 避免图不对文：在提炼论文的重要信息时，避免使用误导性内容。

(10) 视觉冲击：需要设计具有视觉冲击力的结构布局和元素，要点凝练，逻辑流畅。视觉冲击的目的是快速说服读者继续深读。

4.3 图文摘要举例

摘要 4：Tailoring the rheology of suspensions is an essential and persistent issue form many applications, especially three-dimensional (3D) printing. Colloidal suspensions of ceramic powder (Al_2O_3) dispersed by a special thermosensitive dispersant (poly(acrylic acid)-poly(*N*-bisopropylacrylamide), PAA-PNIPAM) were designed, which underwent a remarkable fluid-gel transition in response to thermal stimulus due to the phase transition of the graft chains (-PNIPAM). 3D periodic structures with a fine size of 100 μm were assembled by 3D printing.

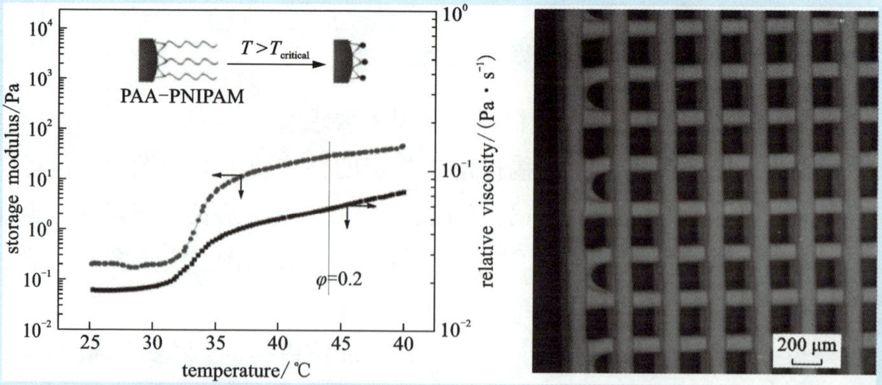

资料来源：ACS Appl. Mater. Interfaces, 2015, 7: 26131-26136

摘要5： Vanadium-based materials have been considered as the high promising cathodes for aqueous zinc ion batteries (ZIBs). Nevertheless, the dissolution of vanadium, the structural instability and the poor cycling stability largely hindered their applications. Metal organic frameworks (MOFs) and their derivatives attracted wide attention for their large specific surface area and structural tunability. Herein, MOFs derived · VO_2 · $Zn_2V_2O_7$ (MVHA) as organic-inorganic hybrids were constructed by the in-situ substitution method. The mixed valences of V^{4+} and V^{5+} between VO_2(B) and $Zn_2V_2O_7$ were helpful to improve the electronic conductivity of MVHA cathode, and MOF-b5-bV acted as a physical barrier to inhibit the cathodic dissolution attributing to the particular organic frame structure. The obtained hybrid electrodes could deliver a high specific capacity (312.7 mA · h/g at 1 A/g), and excellent long-term cycle stability (141.2 mA · h/g after 1000 cycles at 10 A/g). Assistant density functional theory (DFT) calculations indicated that it has an ultralow diffusion barrier of 0.32 eV for optimal Zn^{2+} diffusion path in MOF-b5-bV. The intriguing idea of in-situ compositing vanadium oxide and MOFs derived material opens up a new research direction for high-energy secondary batteries.

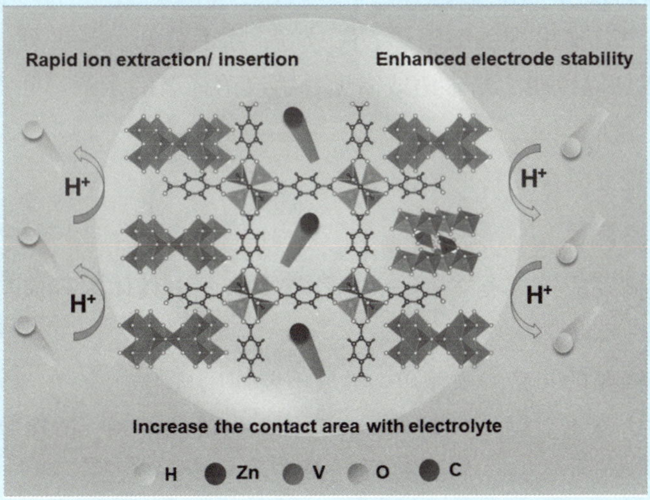

资料来源：Journal of Materials Science & Technology, 2023, 145: 93-100

5 摘要写作要求与常见问题

5.1 写作要求

5.1.1 中文摘要

(1) 要客观、如实地反映一次文献，切不可加进文摘编写者的主观见解、解释或评论。如一次文献有明显原则性错误，可加“摘者注”。

(2) 要着重反映新内容和作者特别强调的观点。

(3) 要排除在本学科领域已成为常识的内容。

(4) 不得简单地重复题名中已有的信息，也不可将文中已经写好的内容直接摘抄过来。

(5) 一般使用第三人称撰写，不列图、表；除非该文献证实或否定了他人已出版的著作，否则不用引文。

(6) 摘要中首次出现的缩略语、代号等，除了公知公认者外，首次出现时须注明全称或加以说明。新术语或尚无合适汉语译名的术语，可使用原文或在译名后括号中注明原文。

(7) 不出现无结果支持的结论。

5.1.2 英文摘要

(1) 英文摘要应符合英文语法表达，英文摘要中具体内容应与中文摘要一一对应。

(2) 英文摘要的句型力求简单，尽量不要使用从句。

(3) 英文摘要不引用他人观点，非公知、公认的缩写，请在第一次出现时用英文全称。

(4) 英文摘要中标点请用半角符号，英文中无顿号(、)。

5.2 常见问题

(1) 不具客观性。摘要要客观地反映论文的研究内容，保证论文的信息以旁观者的角度(第三人称)来写作。切忌主观见解，也无须解释或评论。摘要应着重反映论文的新内容、新观点，反映读者需要的有用信息。

(2)不具独立性。摘要应是作者对论文分析、归纳之后，将分析论证的结果概括总结形成一段言简意赅、逻辑严谨、语意连贯的短文，它不依赖于论文，理应具备独立性。

(3)不具自明性。摘要恰恰因其自身的独立性，可以使读者无须通过阅读论文全文，就能获取论文的大体信息，理应具备自明性。

(4)不具完整性。就摘要的内在逻辑，其组成部分无外乎研究背景(目的)、研究问题、研究方法、研究发现、研究结论这些因素。以上要素不可缺失，如有缺失，则会出现逻辑漏洞。

(5)不具规范性。摘要的“不规范”，表现在很多方面：内容上，如赘述背景和已知常识，或者与论文的开头、结尾重复；结构上，如罗列标题或观点，将摘要理解为提纲；细节上，如语言(用词)出现感叹词、疑问词等。

6 摘要与结论的区别

摘要和结论都是全文的某种简介或总结。摘要的主要内容包括：①问题陈述；②动机；③方法；④结果；⑤结论。

结论的内容则包括：

(1)简明扼要地重申论文的主题及重要性。

(2)重申主要论点与主张及其重要性。

(3)简要提及是如何得到这些论点与主张的。

(4)简要介绍本研究丰富了什么、纠正了什么、补充了什么、提出了什么等。

(5)论文工作有什么不足(不是指错误，而是指有哪些问题没有考虑等)。

(6)概述未来的研究可能性。

虽然摘要与结论有重叠的内容，但两者既有联系又有区别。

摘要与结论的主要区别为：

(1)摘要是全文的一个简介，应尽可能简短；结论则是全文的一个总结，一般比摘要说得更细一些。

(2)摘要用于吸引更多的读者，是给没有看全文的人看的，因此摘要要求通俗易懂，尽量避免行话；结论是给同行看的，可以包含深奥的专业术语，主要是让已阅读全文的读者记住一些要点。

(3)摘要是独立阅读的文本，不能包含需要翻阅全文才能理解的符号和编号，因此不允许按编号引用章节、图表、公式和参考文献等；结论是给看了全文的人看的，因此允许对章节、图表、公式和参考文献等的引用。

(4)摘要中尽量不要出现数学符号，结论可适当出现符号与数学公式。

(5)摘要突出当前做了什么及其意义，结论要求指出未来还可以做什么。

第十一讲

选择恰当的关键词　提高论文的检索率

PPT

导读

关键词是指为了文献标引工作，从报告、论文中选取出来的用以表示全文主题内容信息款目的单词或述语。关键词用于表达论文主题内容，是从摘要到全文不可缺少的逻辑过渡。选择合适的关键词意义重大，不仅可以吸引学术界的关注，还可以使全文易于搜索。本讲阐述关键词的含义及标引、分类和选取、作用、选取原则、常见问题及主要问题分析。

1 关键词的含义与标引

1.1 关键词的含义

关键词源于英文“keywords”，特指单个媒体在制作使用索引时所用到的词语，是图书馆学中的词语。关键词搜索是网络搜索的主要方法之一。关键词用于表达文献主题内容，不仅用于科技论文，还用于科技报告和学位论文等。

关键词是全文论述主线的关键点，是从全文到摘要不可缺少的逻辑过渡。凡是行文，必有主线，层层推进，而作为行文主线的关键点，关键词一般就是行文主线的次中心。它就像是各段之间的连接点，与论文的各段标题具有一定程度的呼应性。

国家标准对于学术论文中关键词的描述为：关键词是为文献标引工作从报告、论文中选取出来的用以表示全文主题内容信息款目的单词或术语。

单词是指包含一个词素(语言中最小的有意义的单位)的词或语言里最小的可以自由运用的单位，术语则是指某个学科中的专业用语。许多学术论文作者使用的关键词不仅是单词或术语，还用到许多词组或短语。

1.2 关键词的标引

关键词就是对总论点、研究课题及研究重点进行词语概括或信息提取的一种方式，一般将全文中最能代表论文课题的重点内容进行概括与总结。

关键词标引是指对文献和某些具有检索意义的特征如研究对象、处理方法和实验设备等进行主题分析，并利用主题词表给出主题检索标识的过程。

对文献进行主题分析，是为了从内容复杂的文献中通过分析找出构成文献主题的基本要素，以便准确地标引所需的叙词。无论是从传递信息角度，还是储存信息角度考虑，主题词或关键词的标引都将给文献的储存和检索带来极大的方便。标引是检索的前提，没有正确的标引，也就不可能有正确的检索。科技论文应按照叙词的标引方法标引关键词，并尽可能将自由词规范为叙词。

毫无疑问，关键词是写论文最容易被忽视的部分，但是选择合适的关键词意义重大，不仅可以吸引学术界的关注，还可以使全文易于搜索。

2 关键词的分类与选取

2.1 关键词的分类

概括来说，关键词有三种基本类型，它与选题三要素(研究主题、研究问题、研究方法)、论文三要素(问题、方法、结论)有着对应关系：

一是根据研究主题提取的关键词。

二是根据研究框架(所使用的理论、方法)提取的关键词。

三是根据研究结论(即论文最后的观点)提取的关键词。

2.2 关键词的选取

关键词是从论文的题名、提要和正文中选取出来的。在选取关键词时，可以参考以下方法：

一是根据论文题目标引关键词。因为题目就是论文的核心所在，有的论文从标题上就可以一目了然地选出关键词。

二是根据摘要标引关键词。如果单从标题中不能直接找出全部恰当的关键词时，则可从摘要中寻找适当的关键词。

三是根据学科标引关键词。有的科研论文用上述两种方法依然无法确定全部适当的关键词，需要在通读全文的基础上，分析论文论述的内容，并根据学科和研究方向选取关键词。

3 关键词的作用

3.1 从作者角度看

关键词作为论文的重要组成部分，可以将其视为作者观点的核心词。虽然短小精悍，却是作者表达的闪光点。而“闪光”的意义，不仅是为了耀眼，更多的还要起到一种照亮“引领”的作用，提示(吸引)着编辑、审稿人、读者最大限度地了解论文的大体内容。尤其是论文发表后，恰当的关键词对读者可以起到导读、帮助检索的作用，提高论文成果的利用率。

3.2 从期刊角度看

在数字信息时代，人们阅读学术论文的途径已经发生改变，除了纸质版学术期刊的阅读方式，越来越多的人会借助数字平台进行查找、阅读。科学合理的关键词标引可以有效地提升学术期刊的影响因子，进而提升学术期刊在其评价体系中的排名。

4 关键词的选取原则

提炼关键词也是一个提炼论文的过程，假如能够用关键词把自己的论文进行统摄，就说明论文基本写清楚了；否则，就说明论点、论证都欠火候。

(1) 关键词是名词、名词性词组、名词性短语。

(2) 关键词可以是规范性词，也可以是自由词，优先选取规范性词。规范性词是专门为文献的标引或检索而挑选出来的，并加以规范化了的词或词组。自由词是未加以规范的、还未收入主题词表中的词或词组。

(3) 关键词应当含义清晰，一般不选用口语词汇或新闻用语。同义词、近义词不要并列为关键词；复杂有机化合物一般以基本结构的名称作关键词。

(4) 关键词应当选用专指词，一般不选择没有意义的通用词作为关键词。例如：分析、问题、对策、研究、应用、措施等。

(5) 下列情况不能作为论文的关键词：

- 化学分子式。
- 未被普遍采用、未经专业公认的缩写词。
- 在文中提到的但未经改进的常规实验技术。
- 不够专一的或太宽泛的词，如有机化合物。
- 无检索价值的词语，例如：技术、应用、观察、调查、探讨等。

(6) 选取的关键词各条目之间有一定的排列顺序。科技论文的关键词可以按照以下顺序排列：第一个关键词应列出该论文主要的研究对象，其他关键词应列出有利于检索和文献利用的词或词组。

5　常见问题及主要问题分析

5.1　常见问题

在实际的写作中，有很多作者对关键词不够重视或了解，致使写作比较随意，所用关键词不能反映论文的主要内容，起不到应有的作用。关键词著录常见问题包括：

(1)关键词不是实词。

(2)关键词由许多单词组成。

(3)关键词中包含不少缩写。

(4)关键词在引言中没有出现过。

(5)关键词外延过大。

(6)关键词数量太多或太少。

5.2　主要问题分析

(1)第一类问题：选取的关键词不关键。在一些科研论文稿件中，通常出现关键词选取偏差和遗漏的现象，这是因为作者不能准确理解和把握关键词与科研论文内容的关系，导致关键词选取失当甚至完全不能反映论文的核心内容，不能有效涵盖论文的全部学术思想。

(2)第二类问题：选取无效关键词。在一些论文中经常可以看到以性质、特点、分析、研究、原因、对策等词语作为关键词，这种关键词既不能展示科研论文撰写者所研究问题的学科属性、专业方向、涉及领域及相关研究方法，没有明确的学术指向，又不具备关键词应该具有的检索功能，很多学者称其为无效关键词或伪关键词。因为关键词的存在是为了文献检索需要，而读者在检索文献时一般不会以这些词进行检索，也就失去了关键词引导检索的意义。

(3)第三类问题：随意组词和拆词。在一些论文中，关键词的选取存在着组词随意的现象：不是将规范化的词语作为关键词，而是将文中一句话或者自造词组作为关键词，这样的选取方法既不符合关键词选取规范，也不能起到提示研究方向和显示论文内容外延的作用；既不关键，也非词，难以被研究者用作检索词条，从而导致论文显示度被严重稀释。另外，也有些论文存在为了凑够关键词而随意拆词的现象，以至于关键词的学术指向发生严重偏离。

第十二讲

采用“倒金字塔型”引言　开好论文“推介会”

PPT

导读

引言是整篇论文的开篇白，吸引并指引读者深入了解研究内容。一篇精心构思的引言可以作为路标，不仅概述研究的背景和意义，而且明确指出研究的范围、目的和预期的贡献。通过综述现有文献，引言部分批判性地指出已有研究的不足，为论文的研究提供立论基础。因此，引言的首要任务是揭示研究的必要性，提出科学问题及研究假说。引言的主要目的是，为读者提供足够的相关信息、弥补相关知识的不足，以了解研究的背景和重要性，建议省略与研究主题没有直接关系的任何背景信息。一篇写得很好的引言通过为读者提供他们需要的所有信息来理解为什么进行研究，是什么使它与其他类似研究不同，以及为什么这些发现是有趣的、重要的，从而为论文定下基调。本讲阐述引言的含义、重要性、写作模式和写作要求，引言四部曲与要求汇总，以及引言主要内容、注意事项和常见问题等。

1 引言的含义、重要性、写作模式和写作要求

1.1 含义

引言作为论文的开头，以简短的篇幅介绍以下内容：

(1)论文的写作背景和目的、缘起和提出研究要求的现实情况，以及相关领域内前人所做的工作和研究的概况。

(2)说明本研究与以前工作的关系，当前的研究热点、存在的问题及作者的工作意义。

(3)引出论文的主题给读者以引导。

(4)引言也可点明论文的理论依据、实验基础和研究方法，简单阐述其研究内容；三言两语预示本研究的结果、意义和前景。

美国著名学者 J. Raleigh Nelson 在 1952 年出版的《写作技巧》中写道：“introduction”的主要作用就像论文作者给阅读论文的读者召开的推介会，明确论文主题的确切范围，讨论主题的条款，探讨论文主题的切入角度，介绍如何展开论文其他部分的提纲。J. Raleigh Nelson 是写作专家，他的观点深刻揭示了“introduction”的重要功能：“introduction”介绍论文的概要特别是论文主题，让读者了解论文究竟想要解决什么问题，吸引读者继续阅读下去。

1.2 重要性

研究论文的引言不仅重要，而且很关键。读者单从题目看并不知道研究论文是关于什么的。这就是引言要做的事情。一个好的引言会：

(1)帮助读者理解主题背景。

(2)解释为什么研究论文值得一读。

(3)提供一个指南来导航论文的其余部分。

(4)激起读者的兴趣。

如果引言写得不够清晰，读者会纠结。当他们开始阅读论文时，他们可能会感到困惑，他们甚至可能完全放弃。引言将为他们打下基础，并为接下来看深入研究的介绍做准备。

总而言之，一篇写得很好的引言通过为读者提供他们需要的所有信息来理

解为什么进行研究，是什么使它与其他类似研究不同，以及为什么这些发现是有趣和重要的，从而为论文定下基调。

1.3 写作模式

(1) 问题解决模式：包括目的、当前能力、问题、解决方案和评估标准，该模型的结构可能因学科而异。

(2) 创造研究空间模式：包括情境、问题、解决方案 3 个步骤。

(3) 倒金字塔模式：包括问题、现有解决方案、最佳解决方案、该领域的主要限制或差距、研究假设或问题、研究目的和方法 6 部分。

1.4 "倒金字塔形"写作模式

"倒金字塔形"写作模式见图 1，该模式为学术论文最常采用的写作模式。

(1) 先提及较广泛的背景知识，然后逐渐缩窄，直至研究的具体目标。这可以被称为"倒金字塔形" "漏斗形"或"V 形"。

(2) 在引言的最后一段，应清楚说明本研究的目的，即想要解答的问题。在撰写时应力求简明，因其为后续各部分设定一个场景。

(3) 明确的目标为"讨论"部分搭建一个框架，并有助于维持全文的焦点。

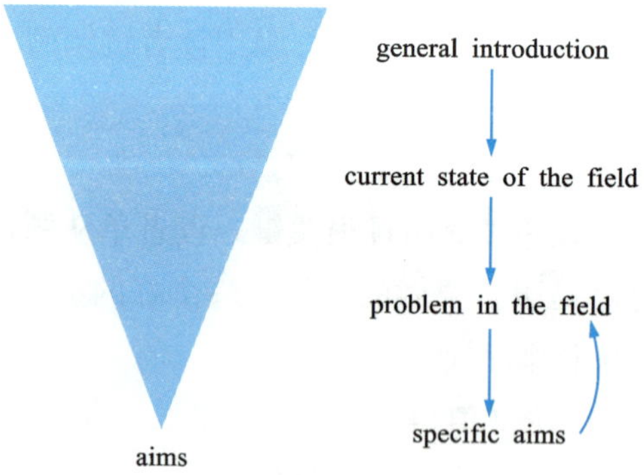

图 1 "倒金字塔形"模式

1.5 写作要求

(1) 突出重点。引言应言简意赅，各项内容应一语道破。教科书上有的知识或人所共知或含义，在引言中不必赘述。在引言里，应重点写好目的、理由和背景。

(2)客观评价。在引言中谈到自己的工作时，要注意实事求是，切忌武断地说“前人没有研究过”“达到了国内先进水平”“接近世界水平”“填补了一项空白”等。对于前人在相关领域已做的工作，要客观地介绍，不应有意贬低，以免引起不良效果。

(3)不用套话。在引言中一般不要使用“才疏学浅，水平有限”“疏漏之处，恳乞指教”“抛砖引玉”这些客套话。

(4)避免雷同。引言与摘要有很大区别，不要与摘要雷同，或者把引言变成摘要的注释。

(5)首尾呼应。在一些学术论文中，经常存在着开头与结尾不能照应的现象。例如，在论文的引言中提出了论文的主旨和目的，但却未在论文的结语(结论)中说明目的的实现的情况，得出了什么结论，解决了哪些理论的或实际的问题。在论文的引言中谈到历史背景和前人的工作，但在论文的结语(结论)中却未说明对前人或他人有关问题做了哪些检验，哪些与本文研究结果一致、哪些不一致，作者做了哪些修改、补充、发展、证实或否定，还有哪些未解决的遗留问题等。

2　引言四部曲与要求汇总

2.1　引言四部曲定义

引言应阐明论文的写作动机并为读者准备论文的结构，为此需要包含背景、需求、任务和目标四部曲。理想情况下，这些信息应该以“漏斗”的形式呈现，从最一般的信息流向更具体的信息。建议舍弃与主题没有直接关系的任何背景信息。

(1)背景：描述所关心的是什么问题，说明问题的重要性以及通过文献调研介绍目前有哪些进展等。

(2)需求：需求是否还存在哪些问题需要进一步研究，以及为什么要进行进一步研究。

(3)任务：任务是针对需求中指出的现有研究空白或者不足(当然是重要的)，做了哪些工作，以及这些工作有什么意义。

(4) 目标：是指本篇论文将要介绍的或者解决的问题，解决到什么程度。一般还需要介绍论文主体部分由哪几节构成（除非采用标准的 IMRaD 格式，对于这种格式，各节分别是 Introduction、Materials and Methods、Results 和 Discussions）。

2.2 引言四部曲的基本要求

(1) 长度要求。完全按照"背景→需求→任务→目标"这样的顺序行文，每一部分的相对长度没有限定，既要求把四部曲交代清楚，也要求文字上能做到简明扼要。

(2) 背景的特殊要求。以广义背景开始，可以吸引其他专业读者；以狭义背景结束，引出所做工作的需求。通过文献调研，表明关心的狭义背景很重要，有什么样的进展或者重要结论。在背景介绍中，不要详细介绍本文的研究结果。

(3) 采用过渡性语句。最好采用醒目的语句来表示每部曲的开始。例如：背景采用语句"The problem of … is of primary importance in …"以宣示其重要性；需求采用语句"However, there are still some questions that remain unsolved"，从背景问题的研究不足引出进一步研究的需求；任务采用"In order to treat the first two unsolved problems, we have …"申明在需求引出的问题中做了什么；采用"Here in this paper we will provide …"表示本文将要介绍哪些内容，包括方法、结果和结论。

(4) 礼节性要求。以一定的高度介绍背景和需求，不反映自己的实质性贡献，不要在这里用本文研究结论来对一些前人的工作进行反驳。突出问题的意义和前人的贡献。避免把别人的观点说成自己的观点。即使使用自己已经发表过的工作，也要求引用前文的工作，不要把前文的结论和贡献说成本文的贡献（哪怕是自己做的工作）。

(5) 核心问题描述。任务或者目标可能涉及一个核心专业问题，不一定为所有读者所熟悉，此时可能需要给出描述、定义或者解释（必要时可以用示意图），对其中的专业术语进行适当解释。

(6) 保持与摘要之间的关系。摘要要求总结性地给出方法、结果和结论三个要素，而引言可以在任务或论文目标中前导性地介绍要采用或构造什么方法、获得什么样的结果以及期望什么样的结论。

(7) 明确任务与论文的目标之间的关系。任务是完成了哪些工作，甚至可以简要介绍大致取得了什么成果，但不需要将曾做过的所有工作和细节都在论文主体部分介绍。而论文的目标是指论文的主体部分为读者准备了哪些(有用的)内容。比如说，任务中可能做了三项工作，而本篇论文只介绍其中的一项(剩下的两项可以交代在别的论文中发表)。

3　引言主要内容、注意事项和常见问题

3.1　主要内容

引言的主要内容包括：

(1)介绍研究背景，综述相关研究。

(2)提出研究问题，阐明研究目的。

(3)阐述解决思路，说明研究方法。

(4)标明创新论点，指出学术价值。

或者换一种说法，可以这样讲：

(1)起。研究领域大范围、背景介绍：与作者课题的研究方向密切相关，从总体到局部，逐步细化。

(2)承。研究领域细化及未知空白的领域介绍：具体某个研究点的研究现状，以及本研究聚焦点的重要性、必要性、迫切性、当下研究的局限性；当前研究的不足、研究正确性的质疑与验证、当前研究的补充。

(3)转。提出科学问题以及本文的科学假说、目的：本文的研究目的和重要性，有针对性地对研究空白提出解决方案。

(4)合。本文的结论和意义：对本文的实验结果一句话进行总结。

3.2　注意事项

引言的写作具有明确的目的性，必须做到：

(1)意识性：评估和缩小读者的知识差距。

(2)故事性：依次回答读者的“为什么”。

(3)权威性：参考文献准确并与论文密切相关。

(4)完整性：所有的“为什么”都有其“因为”。

(5)简明性：无空洞的描述和不相关的内容。

3.3 常见问题

(1)字数过多或过少。有学者对某期刊做过统计，字数最少的引言是 153 字，字数最多的引言是 1065 字，字数相差近 7 倍。过多或者过少，都是不合适的。

(2)研究背景介绍不全。研究背景介绍不全，如针对提出的问题目前已有哪些解决方案、已有解决方案有何不足之处等未加介绍。

(3)最新研究进展引用不足。近 3 年或者 5 年内出版的相关文献，如果没有引用，说明文献研读不到位。

(4)研究方法的创新性描述不够。引言需要描述研究方法，但是有的论文未描述研究方法的创新之处，即未说明与已发表文献研究方法的不同之处，从而无法确定该研究是否具有创新性和学术价值。

(5)缺乏研究目的和研究类型描述。很多引言未描述研究目的，即未提出问题或未描述拟解决的问题；有的引言未描述研究类型，即无法通过引言判断论文是前瞻性研究还是回顾性分析等。

(6)未给出研究假设。有的引言未给出研究假设，即没有根据学科理论或者以往相关研究的发现或结论，对本文所研究问题的规律、原因或结果作出一种尝试性的逻辑推测。

4 “倒金字塔形”引言举例

例 1：综述论文引言举例

镁合金作为最轻的金属结构材料，密度仅为 1.74 g/cm^3，约为铝合金的 2/3、锌合金的 1/3、钢铁的 1/4、钛合金的 2/5，与多数工程塑料相当[1]。不仅如此，镁合金还具有诸多优异的特性，例如优良的比强度与比刚度、优异的阻尼性能、热稳定性、抗电磁辐射性能等，已经广泛应用于航空、航天、汽车、电子通信等领域[2-4]。

随着工业界对产品综合性能要求的进一步提升，流道、拓扑等更加轻量化的零件设计理念开始崭露头角。然而，目前镁合金的成型方式依然主要采用传统的铸造、粉末冶金、塑性成型等[5]，这些传统的加工工艺难以对一体化构件内部进行加工，无法在部件内部构建精细流道结构或拓扑结构，限制了镁合金发挥轻量化的优势与复杂结构件成型的潜力[6-7]。

增材制造(additive manufacturing，AM)技术，也称为3D打印技术，作为一种20世纪80年代后期发展起来的新型制造技术，是以计算机辅助设计、材料加工与成形技术、烧结、熔融、光固化、喷射等方式逐层堆积，从而获得实体物品的制造技术[8-10]。该技术是一项原理性的变革，是一种“自下而上”的材料累加的制造方法。该方法具有无须模具、快速响应、材料利用率高、可成形任意复杂构件等优点，这使得过去受到传统成形方式约束而无法实现的复杂结构件的制造变为可能。增材制造技术主要包括激光熔化沉积技术(laser melting deposition，LMD)、电子束选区熔化(electron beam selective melting，EBSM)技术、激光选区熔化(selective laser melting，SLM)技术、搅拌摩擦增材技术(friction stir additive manufacturing，FSAM)和电弧熔丝沉积技术(wire arc additive manufacturing，WAAM)[11]。

增材制造已广泛用于制造不锈钢、钛合金、铝合金等复杂样件，并成功用于发动机机匣、散热管道、减重结构件等。近年来，随着对镁合金在加工过程中易燃性的了解不断增加[12-13]，针对镁合金的增材制造相关研究也逐步展开，以期突破传统镁合金成形工艺对镁合金发挥轻量化优势的限制[14]。目前研究人员已经成功利用SLM技术[15-20]、WAAM技术[21-24]、FSAM技术[25]、LMD技术[26-27]成形了具有不同微观组织、性能各异的镁合金结构件，甚至基于拓扑优化设计生产制造出了一系列无法用传统成形方式制造的镁合金零件[28-30]。增材制造大大激发了镁合金在轻量化复杂构件上的应用潜力。

本文将选取镁合金增材制造中研究较为成熟的WAAM技术与SLM技术，综述其研究现状，分析这两种增材制造工艺的核心参数及其对材料成形质量、微观组织和服役性能的影响，总结目前取得的研究成果、进展，以及各自的优势、劣势，并对其未来研究方向进行展望。

资料来源：中国有色金属学报，2023，33(9)：2753-2773

例2：研究论文引言举例

可充电锂离子电池具有循环寿命长、比能高、无记忆效应等优点，自20世纪90年代锂离子电池首次商业化以来，已受到广泛关注，目前仍处于高速发展阶段[1-6]。到2025年，全球车用锂离子电池的消费量预计将达到2210亿美元[7]。橄榄石型磷酸铁锂因其安全性能高、循环性能好、毒性低和结构稳定性强等优点，成为大型电动汽车和储能设施的首选锂离子电池正极材料。已有研究报道[8]，国内市场使用的储能电池几乎全部为磷酸铁锂电池，其中，电动客车中磷酸铁锂电池占比高达88%。磷酸铁锂电池的平均使用寿命为5~8年，考虑到整个市场磷酸铁锂电池的保有量不断增加，废旧磷酸铁锂电池的处理将成为一个亟须解决的问题[9]。因此，实现废旧磷酸铁锂电池的高效回收，将其变废为宝，实现资源化利用，对减少环境污染和缓解资源短缺等问题具有重要意义[10-12]。

目前，废旧磷酸铁锂电池的回收主要以湿法冶金为主[8]。传统的湿法回收工艺一般采用无机酸（HCl[13]、H_3PO_4[5, 14]、H_2SO_4[15]等）或有机酸（CH_3COOH[7]、$H_2C_2O_4$[16]、$C_6H_8O_7$[17]、HCOOH[18]等）作为浸出酸，在H_2O_2[18-19]、$Na_2S_2O_8$[20]、$(NH_4)_2S_2O_8$[21-22]、O_2[23]等氧化剂的辅助下浸出正极活性物质以提取有价金属，然后通过沉淀、萃取等方法实现铁元素和锂元素的分离，回收铁盐和锂盐作为最终产品[24-25]。虽然上述方法可以实现有价金属元素的全面回收，回收的产品可以达到工业级应用要求，但产品的附加值比较低，经济效益不高。

随着研究的深入，近年来人们更倾向于将浸出有价值的元素以化合物的形式回收，再用于制造新的磷酸铁锂正极材料，实现废旧磷酸铁锂正极材料的闭环回收。Bian等[5]将废旧$LiFePO_4$正极材料采用H_3PO_4浸出，真空过滤后滤渣通过回流加热得到$FePO_4 \cdot 2H_2O$沉淀物，含Li^+滤液经蒸发浓缩结晶以LiH_2PO_4形式回收。在N_2气氛中将Li_2CO_3、葡萄糖和回收的$FePO_4 \cdot 2H_2O$碳热还原烧结再生$LiFePO_4/C$正极材料，再生的$LiFePO_4/C$正极材料在0.1*C*下放电比容量为159.3 mA · h/g。5*C*循环500次后，放电比容量稳定在105.0 mA · h/g，容量保持率高达95.4%。除了碳热还原反应外，水热合成也用于$LiFePO_4$正极材料的再生，该方法在控制成核和晶体生长方面优于固相碳热还原反应，可以更好地调控再生材料的形貌。Wang等[26]采用HCl进行浸出反应，以回收的Li_3PO_4和$FeSO_4 \cdot 7H_2O$作为原料，加入抗坏血酸作为还原剂进行水热反应，反应产物与12%（质量分数）葡萄糖混合在N_2氛围600 ℃下烧结4 h得到再生$LiFePO_4$正极材料。虽然闭环回收再生法得到的产品附加值高，回收产物电化学性能优良，但该方法主要以传统的氧化酸浸为主，回收方法比较单一，步骤多、流程长，回收成本高，经济效益低。因此，还需对其回收工艺进行优化，以满足规模化应用的要求。

基于此，本论文创新性地提出采用还原酸浸–沉淀–固相再生法，实现废旧磷酸铁锂电池的闭环回收。相对于传统氧化酸浸法，其优点在于在浸出阶段即将铁还原成Fe^{2+}，避免了后续混锂烧结过程中Fe^{3+}还原不彻底，导致再生的磷酸铁锂纯度低等问题。通过沉淀法制备$Fe_3(PO_4)_2 \cdot 8H_2O$前驱体与Li_3PO_4混合烧结再生$LiFePO_4$正极材料，实现废旧磷酸铁锂电池的短流程、高效率回收，有利于降低生产成本，提高经济效益。

资料来源：中国有色金属学报，2023，33(5)：1601–1610

第十三讲

把握正文写作要点　回答引言所提问题

PPT

导读

学会准确、清晰、简洁地表达思想和观点，是科技工作者在科研生涯中必经的漫长、艰辛而有意义的修行。正文写作乃是科技论文写作的重中之重，其质量高低决定了论文能否顺利发表，以及发表在什么档次期刊上。正文写作应避免两个常见问题。其一，实验论文无讨论：有数据而无深度地分析与讨论。将论文写成了实验报告，这表明作者知其然而不知其所以然。其二，模拟论文无验证：成功的模型应能解释已有事实，并预测新的事实。若无验证，模拟论文只相当于一次计算练习。本讲阐述正文的内容和论述方式、材料和方法、研究结果、讨论、结论。

1 正文的内容和论述方式

科技论文的主体，由引言、正文和结论组成。杨元喜先生用十二个字概括了这三个部分的写作特点，即巧写引言、正文完备、结论简明。

正文完备主要是指重点明确、前提清楚、逻辑严谨、论证充分、实验科学、分析透彻。正文内容包括本课题研究的方法，观察到的事实，所做的实验，相应的分析，比较等。

正文是科技论文的核心部分，由引言引出问题后，在正文中分析问题和解决问题。这一部分是作者研究成果的学术性和创造性的集中体现。正文的论述方式有两种：一种是将科学研究的全过程作为一个整体，对有关各方面作综合性论述；另一种是将所研究的全过程按研究内容的实际情况划分为几个阶段，再对各阶段的成果依次进行论述。

2 材料和方法

2.1 写作要求

“材料和方法”部分描述结果是如何产生的。该部分应该足够详细，以便同一领域的其他研究人员可以充分地重复这些结果以验证结论。通常情况下，不需要对方法逐步说明，只需引用提供相应信息的已有出版物。如果是提出全新方法的论文，则需要更详细地描述该方法；对于标准化或已经完善的方法，指出方法的名称就足够了。

“足够详细”这个要求，实际上有两个相互关联的目标：读者应该得到重复结果并可以对其加以判断。尽管很少有读者会尝试重复他人的实验，但大多数读者会试图判断他们正在阅读的论文的有效性。有效性分为内部有效性和外部有效性，内部有效性意味着呈现的结果支持所得出的结论，而外部有效性是指结论可以推广的程度(而不仅仅适用于这一项工作)。如果缺失精心撰写的方法部分，就无法评估该工作的有效性。

2.2 主要内容和常见误区

“材料和方法”部分的具体内容主要包括：

(1)描述实验目的/方法。

(2)描述实验对象。

(3)描述所使用的仪器、材料、软件、方程、理论及其来源。

(4)描述实验流程。

(5)收集数据。

(6)进行数据统计与分析。

(7)指出实验方法的不足或者局限性。

“材料和方法”部分的常见误区有:

(1)在该部分提及结果。

(2)在该部分写出与可重复性或判断有效性无关的细节。

(3)将该部分写成记录事件发生顺序的流水账。

2.3　写作举例

利用纯 Mg(99.99%)、纯 Zn(99.99%)、Mg-9.4%Ca 中间合金以及 Mg-5%Mn 中间合金(质量分数)进行熔炼,制备出 Mg-3Zn-0.2Ca-0.2Mn 合金。合金熔炼是在井式电阻炉中进行,以 99%N_2+1%SF_6(体积分数)混合气体为保护气。熔炼合金时,先将炉温升至 720 ℃左右,放入纯 Mg,待纯 Mg 熔化后分别放入纯 Zn、Mg-Ca 中间合金以及 Mg-Mn 中间合金,待原材料全部熔化后静置保温 10 min 再进行浇铸。使用蔡司 AxioimagerA2m 金相显微镜、带有能谱仪(EDS)的 HITACHI S3400N 型扫描电子显微镜、JEM-2100 透射电子显微镜对降解前后试样的微观组织进行观察。通过固溶处理调控合金的晶粒尺寸及第二相的体积分数。固溶温度选取 385 ℃、400 ℃、415 ℃和 430 ℃,固溶时间为 3~30 h,使用 Image Pro Plus 软件统计合金的晶粒尺寸及第二相含量。合金降解行为的测试是在 Hank's 模拟体液中进行的,根据 ASTM-G31-72 标准,样品的表面积和模拟体液的体积之比为 1 cm^2/150 mL,保持 pH 为 7.4,温度为 37.4 ℃。采用瑞士万通 Autolab 电化学工作站来测试样品的电化学性能,获得极化曲线以及 EIS 电化学阻抗图谱。通过浸泡失重实验获得样品的平均降解速率,计算式如式(1)所示:

$$v_{corr}=K(m_0-m_1)/(A\rho t) \tag{1}$$

式中:K 为常数,$K=8.76\times10^4$;m_0 为样品初始质量,g;m_1 为浸泡样品清除表面产物后的质量,g;ρ 为材料密度,g/cm^3;A 为样品的表面积,cm^2;t 为浸泡时间,h。

资料来源:中国有色金属学报,2023,33(3):665-677

3 研究结果

3.1 数据选择与表达

要对实验或观察结果进行高度概括和提炼，不能简单地将实验记录数据或观察事实堆积到论文中，尤其是要突出有科学意义和具代表性的数据，而不是没完没了地重复一般性数据。数据表达可采用文字与图表相结合的形式。如果数据很少，在正文中用文字描述即可；如果数据较多，可采用图表形式来完整、详细地表述，文字部分则用来指出图表中的重要特性或趋势。切忌在文字中简单地重复图表中的数据，而忽略叙述其趋势、意义以及相关推论。在“研究结果”部分，应简要描述数据的差异，尽可能在讨论部分留下解释。

3.2 写作要点和常见负面评价

“研究结果”部分写作要点包括：

(1) 将研究结果以图或表的方式进行直观展示。

(2) 提供真实的实验数据。

(3) 阐述必要的研究结果。

(4) 突出主要的研究结果。

(5) 对研究结果进行深入分析。

(6) 已在图表中阐释的研究结果无须再用文字详细说明。

在审稿过程中，对“研究结果”部分的一些常见负面评论为：

(1) 对研究结果的解释过多。

(2) 数据不准确、不一致或不足。

(3) 表格和数字不符合要求。

(4) 表格和图中的信息并不支持论文的主题。

(5) 包含一些无关的数据。

3.3　写作举例

图 1(a)所示为 4 种合金的淬透性曲线。4 条曲线的趋势基本一致，硬度随端距的增加而降低。其中 7075 合金的曲线在最下方且硬度随端距增加下降最为显著，7055 合金和 7150 合金的硬度较高且分别在端距 63 mm 和 68 mm 以内，硬度随端距的增加而快速下降，而后硬度变化不大。7185 合金的硬度下降较缓慢。当端距超过 60 mm 时，硬度随端距的增加变化不大。通过 4 种合金的淬透性曲线，可以计算得出硬度保留值曲线，从而能够更好地对比研究 4 种合金的淬透性和淬透层深度，如图 1(b)所示。7075 合金在端距 68 mm 处的硬度下降率为 30%且以后基本不变；7055 合金在端距 63 mm 处的硬度下降率为 14%且以后基本不变；7150 合金在端距 70 mm 处的硬度下降率为 12%且以后基本不变；7185 合金两端的硬度值相差约为 8%。若规定硬度下降 10%处的端距为淬透层深度[14, 16]，则 7075 合金、7055 合金、7150 合金和 7185 合金的淬透层深度分别约为 25 mm、45 mm、63 mm 和 100 mm 以上。显然，7075 合金的淬透性最差，而 7185 合金具有很好的淬透性。

资料来源：中国有色金属学报，2023，33(5)：1425-1433

4　讨论

4.1　主要作用与写作重点

“讨论”部分是论文的重要组成部分，也是作者展示思考能力和学术深度的机会，通常紧随“结果”部分之后。在这一部分，作者可以对得到的结果进行更全面、深入和批判性的讨论分析，引出关键问题并提出相关的解释和解决方法。

在写作“讨论”部分时，有几个关键的写作重点值得注意：

(1) 作者应该强调自己的研究结果的原理、与以往研究的联系和差异，指出自己的发现对学术界和实践的意义。

(2) 要诚实面对研究的不足和局限性，探讨可能的原因和改进方法。

(3) 作者需要展示对研究结果的深入思考，结合理论和实验数据，对比研究结果异同及其原因。

(4) 作者应该界定研究结论及其范围，给出科学依据，并指出未来研究的方向和潜在的发展空间。

与其他部分相比，“讨论”部分可能是论文中最难写的部分。很多论文被退稿往往是因为“讨论”部分存在缺陷。

“讨论”部分的重点在于对研究结果的解释和推断，并说明作者的研究结果是否支持或反对某种观点、是否提出了新的问题或观点等。因此，撰写“讨论”部分时要避免含蓄，尽量做到直接、明确，以便审稿人和读者了解论文为何值得重视。

4.2 主要内容

“讨论”部分的主要内容包括：

(1) 简要回顾引言和重述论文的发现。

(2) 与其他研究结果进行比较。

(3) 与其他研究方法进行优势比较。

(4) 实验数据是否与理论模型符合。

(5) 有依据地对研究结果进行解释，提出合理的假设。

(6) 讨论研究存在的不足或局限性。

(7) 指出研究结果的科学意义和应用价值。

(8) 提出有关未来研究方向。

“讨论”部分不是对研究结果的重述，而是对实验的每个步骤如何支持论文进行的详细说明；还可以添加一些参考书目材料来支持论文的观点，并强调发现对该领域的研究更为重要。在“讨论”部分结束时，通常有必要指出该领域仍有待讨论的工作或问题。

4.3 写作要求

4.3.1 整体规则

撰写“讨论”部分时，可参照如下几条规则：

(1) 揭示“研究结果”部分蕴含的原理、相互关系、普适性。切记：要讨论结果，不要重述结果。

(2) 说明例外情况、缺乏相关性的情况以及尚未搞清楚的情况。切记：不要试图掩盖、刻意回避与预期不符的数据。

(3)说明所得结果与前人成果间的异同，凸显创新性与一致性。

(4)说明研究结果的理论意义和现实价值。

(5)说明所得结论(尽量要清晰)。

(6)说明每项结论的依据，“不可假设任何事情”。

4.3.2 前后呼应

“讨论”部分是对研究结果的讨论，所讨论内容应与前述问题呼应。“材料和方法”部分与“研究结果”部分应彼此呼应，同理，“引言”部分与“讨论”部分也应彼此呼应。

在“引言”部分，作者应当提出一个或几个问题(至少包含某些问题)；在“讨论”部分中，作者应说明研究结果给出了怎样的答案。没有在“引言”部分提出问题，往往造成在“讨论”部分无话可说。要保证“讨论”部分回答了“引言”部分所提的问题。

“引言”部分的结构通常从一般话题到具体研究，“讨论”部分的结构往往倒置过来：①重述主要发现；②讨论这些发现与前人成果间的关系；③说明研究结果的理论意义和现实应用；④指出有待进一步研究的问题。

在“引言”部分，作者邀请读者走进自己的科研领域；在“讨论”部分，作者引领读者离开。此时，对于这项研究结果及其意义价值，读者已经了然于胸。

4.3.3 与已有研究对比

在“讨论”部分，需要说明所得研究结果与前人成果之间的异同，这是为了对研究结果进行客观评价和解释。通过比较当前研究结果与前人成果的不同之处，可以更深入地理解研究的贡献和创新之处，并帮助读者对研究结果建立更全面的认识。

首先，通过指出研究结果与前人成果的一致性，可以强调当前研究的可靠性和肯定前人研究的重要性。如果研究结果与前人成果相符合，可以进一步探讨为什么当前研究支持了这些成果，是否提供了更多的证据或细化的解释；同时，通过对前人研究成果的引用，可以向读者展示当前研究是在该领域的学术背景和相关工作的基础上建立的。

其次，说明研究结果与前人成果的差异，有助于评估研究的创新性和进步之处。如果研究结果与前人成果有所不同，需要解释这种不一致的原因，并探讨是否存在方法学差异、研究对象的变化或其他潜在因素。这可以为读者提供新的思考角度和理解研究结果的可能性。

最后，通过对研究结果与前人成果之间的异同进行讨论，可以促进学术交流和研究的进一步发展。其他研究者可以根据这些差异提出新的假设、研究方法或扩展现有理论模型。这种对比分析也有助于识别研究领域中存在的知识空白和需要进一步研究的方向。这种对比分析是科学研究中常见的做法，能够推动学术进步和知识发展。

4.3.4 指出优势与不足

在“讨论”部分，应指出科研工作的优势与不足。有些作者感到这些内容很难撰写。然而，这些内容不仅方便读者，而且有助于向编辑、同行评议人表明论文可以发表。

有些作者认为，指出研究工作的优势(如实验技术高超、样本数量巨大、后续科研多)是自负、傲慢的。不过，这些内容有助于读者判定科研工作水平，并能说服同行评议人和编辑，这篇论文值得发表。

假如科研工作存在明显不足(如实验技术不高、样本数量小、后续科研少)，有些作者可能会竭力掩盖这些不足，但这么做有悖于科研人员应有的坦诚。精明的同行评议人、编辑或其他读者很可能会发现这些不足，并会认为作者缺乏经验、无法发现。因此，最好还是由作者自己来指出不足。在此，还可以探讨这些不足对研究结果有何影响。

4.3.5 阐释研究结果的意义

在“讨论”部分结尾处，要对研究结果的意义进行概括或者直接给出结论。这有助于向读者传达研究的核心发现和其在该领域的重要性。在概括研究结果的意义时，可以针对研究的目标和主要发现进行总结。可以通过强调研究结果对理论、应用或实践的贡献，突出其重要性和价值。

如果研究结果的结论已经明确，可以直接给出结论。结论应该简明扼要地回答研究问题或验证假设，提炼关键结果，并概括研究的主要贡献和意义。

无论是概括研究结果的意义还是直接给出结论，都需要从研究的整体角度出发，给出清晰、简明的陈述，确保读者能够准确理解研究的重要发现和实际意义。

4.3.6 界定结论范围

在揭示观测事实之间的相互关系时，无须得出多么庞杂、深奥的结论。作者能够阐明全部真理的情况是很少见的。更常见的是作者只能阐明某领域真理的一小部分。这部分真理要通过数据来证明。倘若将结论的适用范围推广得太宽，则可能导致那些被数据支持的结论也会被人怀疑。

因此，只需阐明自己在某领域发现的一小部分真理。在描述那一小部分真理时，务必简单易懂。简单易懂的话语往往蕴含着深邃的智慧。相反，拖沓冗长的句式、深奥复杂的术语，可能只能传达浅薄的思想。

4.4　注意事项

写“讨论”部分时，应注意以下几个问题：

(1)应将最重要的讨论内容放在此部分的前端。

(2)对于研究结果，应给予进一步的论证，即论证研究结果的可靠性、创新性、重要性等。同时要对实验中出现的一些意外现象、不足之处等作出必要的说明与解释。

(3)对于一些简单的研究结果，作者只需直接利用前人的文献资料加以比较，进行论证；对于一些较为复杂的研究结果，作者则需要简要地陈述研究结果的理论依据，然后再利用前人的学说、见解、研究结果加以论证。

(4)实验中有时会有意外的发现，作者应根据情况给予相应解释。当研究结果与他人的发现不同时，作者应较为详细地解释。

(5)作者在写作时，如果发现本研究在方法上或实验设计上存在不足之处，可以作出必要的说明，并解释在这种情况下得到的研究结果为何仍具有科学性。作者在写“讨论”部分时，一定要客观，要掌握尺度。如果这些不足之处影响了研究结果的科学性，则没有撰写论文的必要，也没有发表论文的必要。

4.5　常见负面评论

对于“讨论”部分的写作要点，总结如下：尽可能强调和捍卫主题；讨论篇幅长的，应该分成子主题；不能包含“研究结果”部分未提及的新的结果；使用现在时。

论文审稿过程中，对“讨论”部分的一些常见负面评论为：

(1)很少重申并强调“结论”部分的发现。

(2)分不清哪些部分是推测，哪些部分是结论。

(3)原创性的研究方法没有充分讨论。

(4)没有充分引用相关文献。

4.6 写作举例

表 4 所示为 4 种合金的淬透性机理分析。本文选择在冷却速率为 135 ℃/min 处计算 AF(area fraction of η phase)，因为此处淬火析出相的尺寸最大，数量最多，合金力学性能最差。由表 4 可知，7075 合金总的晶格畸变能最大，Zn/Mg 值最小，冷却时固溶体的分解倾向大，$MgZn_2$ 相析出的驱动力高；同时，该合金晶内存在大量非共格的 E 相，与基体的界面能高，有利于淬火析出相在 E 相上的非均匀形核析出，形核数量多，导致淬火析出相的面积分数也最大，为 34.4%。因此，7075 合金两端的硬度下降率最大，较其余 3 种合金具有更低的淬透性。当 7075 合金在以一定冷却速率通过淬火敏感区间时，固溶体容易发生分解脱溶析出[23-25]，淬火析出相的数量多，合金时效后力学性能降幅大，淬火敏感性高，与文献研究相吻合[26-28]。7185 合金总的晶格畸变能最小，Zn/Mg 值最大，固溶体最稳定，析出相的尺寸和面积分数均最小；Zn/Mg 值增加可推迟固溶体的分解，合金的过饱和固溶体较为稳定，不容易发生脱溶析出，合金两端的硬度下降率较小。7055 合金析出相的尺寸最大，平均尺寸为 610 nm，面积分数为 32.4%；其平均尺寸和面积分数分别约为 7050 合金的 2.4 倍和 1.8 倍，约为 7185 合金的 6.2 倍和 5.0 倍。这是因为 7055 合金总的晶格畸变能较大且主合金元素总含量最高，在冷却速率较低时，析出的平衡相尺寸最大且数量也较多。因此，7055 合金的淬透性较差。

资料来源：中国有色金属学报，2023，33(5)：1425-1433

5 结论

5.1 主要内容

通常情况下，有关“结论”的内容都包括在“研究结果”或“讨论”部分中，但有时也可将“结论”单独列为一部分。在“结论”部分中，作者应清楚、简洁地叙述自己研究的主要认识或论点，其中包括最重要的结果、结果的重要内涵、对结果的说明或认识等。

“结论”部分的内容主要包括：

(1) 回顾本研究的目的。

(2) 总结主要的研究成果(核心部分)。

(3)阐明本研究的意义。
(4)简单阐述本研究的局限性。
(5)展望未来研究。
(6)给出实践的建议。

5.2 写作要求

“结论”部分要简明，突出本研究的新推导、新实验、新分析、新结果。结论里应包括必要的数据，主要用文字表达。

“结论”部分的具体撰写要求为：
(1)概括准确，结构严谨。
(2)明确具体，简短精炼。
(3)客观公正，实事求是。

5.3 注意事项

“结论”部分应该注意 4 个方面：
(1)精炼准确：话不要说得太满，更不能拔高。
(2)总结提高：突出要点。
(3)前后呼应：结论与正文的理论和实验对应，注意不要强调别人的结论。
(4)指出问题：提出有待进一步解决的问题。

5.4 常见误区

撰写“结论”部分时，存在一些常见误区：
(1)重复摘要。
(2)重复引言中的背景信息。
(3)引入“研究结果”和“讨论”部分没有的证据或论点。
(4)重复“研究结果”和“讨论”部分提出的论点。
(5)未能解决引言中列出的研究问题。

5.5 写作举例

(1)富氧底吹熔炼炉炉渣中主要物相成分为磁铁矿、铁橄榄石、钙铁辉石、冰铜以及玻璃相，渣含铜为4.59%，渣中损失的铜95.86%为粗粒不均的机械夹杂冰铜，其中粒径大于0.20 mm的冰铜所占比例为68.57%。

(2)原渣重熔至1300 ℃并保温沉降10 min，渣中铜质量分数从4.59%降至1.13%；保温沉降20 min，渣中铜质量分数降至0.76%，粒径大于0.20 mm的粗粒冰铜有效沉降；随着黏度从0.35 kg/(m·s)降至0.19 kg/(m·s)，渣中铜质量分数从0.76%降至0.52%，冰铜的有效沉降粒径下降为0.15 mm，冰铜沉降规律符合Stokes公式。保温沉降实验中沉降时间是影响渣中铜含量的主要影响因素，通过添加焦炭降低黏度来减小渣中铜含量效果并不明显。

(3)综合考虑富氧底吹熔炼炉生产过程渣层厚度，在不减小处理量，不减少排渣间隔时间，不改变铜锍与熔渣的密度差、熔渣黏度、界面张力等的工艺参数的前提下，不添加炭粉，通过调整氧枪参数，减少排渣期气流对熔渣的搅动来增加静置沉降时间，可以有效降低渣中铜含量，使渣中铜质量分数稳定在4%以下。同时，可通过检测现场缓冷渣中冰铜粒度来及时调整工艺参数，获得理想的低含铜熔炼渣。

资料来源：中国有色金属学报，2023，33(7)：2257-2267

第十四讲

正确引用参考文献　展现论文研究水平

PPT

导读

参考文献是一篇完整的科技论文不可或缺的组成部分，可反映作者的科学态度和论文的科学依据，以及论文的起点和深度，并为有兴趣的读者提供进一步查询资料或信息的线索。本讲阐述参考文献的定义及分类，主要目的、主要作用和引用原则，查找原则与选择途径，引用方式和引用场景，引用时的学术不端，常见问题，以及常用标注方法。

1 参考文献的定义及分类

根据《信息与参考文献著录规则》(GB/T 7714—2015)(2015 年 12 月 1 日实施)，参考文献是指：对一个信息资源或其中一部分进行准确和详细著录的数据，位于文末或文中的信息源，包括图书、期刊、报纸等正式出版物和不涉及保密问题的内部资料及电子资源等。按照引用参考文献的目的来划分，可以分为引文型参考文献和阅读型参考文献两大类。在撰写论文的过程中，主要是引用他人的研究成果、观点数据，这一类文献的引用要求准确无误、恰当明确，力争做成引文型参考文献。

2 参考文献的主要目的、主要作用和引用原则

2.1 主要目的

(1)展现论文的研究水平：西斯金五原则。①展示丰富的前期研究知识；②显示来源的深度和范围；③评估来源的有效性和可靠性；④保证参考文献格式的一致性；⑤其他注意事项。

(2)用于限定、引出自己的研究内容。通过参考文献介绍，梳理已有研究、排除不需要进一步研究的问题，并提出还需要研究的具体问题。

(3)用于告诉读者有哪些现有研究结果。一些熟悉研究主题的读者可能只关注作者带来了什么贡献，但大多数不熟悉研究主题的读者乐意从论文的介绍中了解针对其关心的方向，有哪些已知的知识。这些知识可能是一个概念、一套方法、一组数据、一些结果、一些观点或见解。

(4)用于研究。在论文的不同地方，可能需要使用他人的一幅图、一条数据、一个观点、一套方法。引用的目的就是告知读者使用了他人什么东西。介绍他人工作时可以有遗漏，因为不可能面面俱到地引用，但使用了他人的东西必须引用，否则会被视为剽窃。

(5)用于比较、对比或支持自己的研究结果或结论。介绍和讨论方法、研究结果或结论时，需要与他人的方法、研究结果或结论进行比较，由此可以看出拓展了哪些工作(如范围)，相比于他人的工作有什么相似性或差异性。有

时，可借用他人的观点、数据和概念，来给自己的研究结果或结论提供支持或证据。

(6)用于减小篇幅。一篇论文会使用不少通用知识(例如数学工具)、已知方法等。如果使用了就详细罗列出来，那么论文就会过长，自己的贡献不突出。因此，引用参考文献的一个目的就是，告知读者这些被使用的知识或方法的细节在哪里，以便读者自行查阅，从而减小论文篇幅。

2.2　主要作用

(1)遵守科技道德，尊重他人成果，明晰知识产权，明确区分他人的贡献和自己的贡献。

(2)促使自己深入广泛地了解学科领域的文献情况，并在论文中依靠对文献的引用来展示较高的学术水平。

(3)确保论文精炼，不赘述他人已发表的细节内容，代之以引文，从而减小篇幅。

(4)帮助读者溯本求源，便于查找相关科研成果。

(5)为论文的编辑提供同行评议人的线索。

(6)使期刊评价机构能够通过引文频次的计算，对参考文献进行统计分析，准确评估期刊的影响力。

2.3　引用原则

(1)紧密相关性。论文引用的文献与观点的紧密结合程度自然是越高越好的。对于很多论文而言，所用举例或者引用的文献与论文的关联比较少，这在逻辑上就会显得比较松散。

(2)证明充分性。引用文献主要用于证明、推理论文的观点，如果相关度不高，那么证明效力也会下降，这进而可能导致观点不成立，甚至导致整篇论文被推翻。

(3)时效性。时效性意味着论文的前沿性，一般来讲，论文引用文献的时间上限为10年，如果所用文献都是10年之前的，那么这类研究的重复率往往会很高。当然，这一点也要区分文献的类型。从整体上来讲，文献的时效性越强越好，如果能控制在三五年内将会非常完美。

(4)分布层次性。这主要指的是文献的高、中、低层次。一篇论文引用文献要有一定的层次，错落有致。目前，论文多倾向于引用高水平文献。

(5)类型全面性与平衡性。论文包括期刊论文、会议论文、学位论文，此外还有书籍、网络文献、论文集等多种类型。一篇论文在引用文献时，首先要做到类型全面；其次，要兼顾文献类型的平衡性。

(6)期刊灵活性。无论是文献引用的层次性，还是全面性、平衡性等，不同期刊的具体要求都是存在差异的。因此，在文献引用的具体操作中，应该关注期刊的灵活性，科学合理地处理。

3 参考文献的查找原则与选择途径

3.1 查找原则

(1)载体：按特征选查。熟悉和了解不同载体的特征和个性，对于准确、快速地检索文献具有事半功倍的效果。

图书：具有技术的成熟性、系统性和内容的翔实性；

情报(期刊、会议文献、专利文献等)：具有在动态趋势方面的新颖性、前沿性和内容论点的专业集中性；

档案：具有原始凭证的权威性、专项内容的完整性。

(2)论著：从权威到一般。遵循“权威论著为核心，一般学术论著为辅助”的科学收集方式，首选权威论著，兼顾其他文献。

(3)范围：由大到小、宽窄适度。收集范围的放宽程度应视选题大小、性质而异，只要明确“放宽是手段，完成选题才是目的”，宽窄自会有度。

(4)学科：纵横兼顾，侧重边缘交叉学科。收集文献纵横兼顾，常有触类旁通、诱发灵感的意外收获；学科的边缘和交叉部位，更是获得重要文献资料和学术成就的关键地带，应予特殊关注。

(5)程度：由浅入深，以深为要。只有从“浅”处入手，才能不断丰富、积淀专业知识，逐渐开阔学科的视野；只有通过“深”的对比和思考，才能领悟学科的发展。

(6)时间：由近溯远，近远适度。近期文献代表学科最新水平，是收集的重点。由此溯往，可以俯视与选题相关学科的发展沿革和水平。在确定溯往的时段时，应依据学科发展速度和文献总量等情况区别对待。

(7)地域：区别情况，内外结合。“内外”是针对学校、专业、国家等而言的。通常要先内后外，有利于对文献优劣作出准确判断。

(8)过程：按需反复，求真务实。文献收集过程有时会出现局部反复。以“提高论文质量”为主旨，填平补齐，力求收集完整。

(9)取舍：选择适度，突出精华。取舍，是文献总量经收集到采用，逐渐减少、更趋精练的手段。着重分析文献的重要程度，以确定采用与备用、主与次的地位和阅读顺序。

(10)总纲：系统定位，随记随检。按选题定向、收集过程和收集后期等顺序的不同情况区别对待，可以预防纵向与横向文献的遗漏，以及一般与重点的量质失衡，有利于突出重点文献的地位，求得资料的系统、完整，减少文献收集工作中不必要的反复。

3.2　选择途径

(1)关键词、主题词检索。关键词、主题词一定要选好，这样，才能保证所要查找的内容的全面性。因为，更换主题词，可能有新的内容出现。

(2)检索某个学者。检索相关数据库，知道了某个在这个领域有建树的学者，尽量找到其最近发表的论文。

(3)参考综述检索。如果发现与自己课题相关或有切入点的综述，可以根据相应的参考文献找到原始的研究论文。

(4)注意论文的参考价值。刊物的影响因子、论文的被引次数能反映论文的参考价值，但要注意引用这篇论文的其他论文是如何评价这篇论文的。

4　参考文献的引用方式和引用场景

4.1　引用方式

参考文献的引用，不外乎两种方式：直接引用原文献的内容，并做好引注；间接引用，转述原文献的意思。

(1)直接引用。直接引用指逐字逐句，一字不差、一字不漏地引用。直接引用可以证明观点或文字的权威性，可以保留所引内容的原始文字，也可以强调所引内容的准确性。直接引用时，引文要尽可能简短，如果引文过长(超过半页)，就要把引文放到附录部分，并在文中说明。

(2)间接引用。间接引用是不引用别人的原话，而用自己的话转述别人的主要意思，也叫转述。这种引用不能用引号标示。间接引用是用最恰当的词句，以释义(paraphrase)和概括(summarize)的方式援引原作者的概念、观点和表达。

释义(paraphrase)是用不同的表达方式阐释原文献含义，使之更加简洁、明了。其常用的方法有删除次要信息；使用同义词、反义词等；采用注释性说明；改换说法，如改变陈述角度或顺序等。

概括(summarize)是将整篇文献概括为几句话，甚至一两句话。

4.2 引用场景

在标题中引用文献的情况往往出现在对一篇论文改错或纠错的情形，此时多在标题中直接引用标题甚至作者。在摘要中引用的论文一般属于重要的论文，一般采用“作者. 出版物简写，年，卷(期)：起止页”的格式来引用某文献。在引言中引用文献是最常见的场景，一般引用文献以交代研究现状。在方法中引用文献，以介绍方法的来源，或借用别人的工作来指出使用已有方法或发展新的方法的必要性或合理性。在分析研究结果时引用文献，以对研究结果进行对比或借用已有成果来对研究结果进行分析解释。在介绍结论时引用文献，以指出作者有什么新的贡献等。

4.3 不宜引用或慎重引用的几类文献

(1)没有认真阅读过的文献不要引用。

(2)非一流期刊上的论文不要引用或慎重引用。

(3)虽然读过，但对论文研究工作没有借鉴意义的名人之作不要牵强引用。

(4)脱离论文主题的文献不引用。

(5)不够经典的文献不引用。

5 参考文献引用时的学术不端行为

(1)引而不注。这是一种非常常见的现象，一些作者把原作者的研究改头换面，再用自己的语言叙述出来，并当作自己的论述而不注明出处。实际上，作者的这种行为是挪用了别人的观点、想法或理念，并不是作者自己的研究，是一种剽窃行为。

(2) 有意漏引。为了减少工作量而故意不去查阅一部分文献，或者只选择对自己研究有利的研究，或者为了突出自己研究的意义而不提及某些已有研究。

(3) 过度他引。引文应当是作者在撰写论著时确实参考或引用过的文献。在论著中加入大量实际没有参考或引用过的文献，或者与自己论题根本不相干的文献，作不相关引用、无效引用，就是过度他引了。

(4) 不当自引。作者撰写论著时，出于提高引用率，或扩大影响等目的，不必引而偏引，进行不必要的过度自我引用。过度自引不仅发生在某些作者身上，还出现在一些学术期刊中，如为了提高期刊影响因子，动员作者多引用该期刊的论文。

(5) 相互引用。引用应当完全出于学术目的，但有一些作者为了提高彼此的引用率，采取“团体作战”的方式，在小团体之间进行以提高彼此引用率为目的的相互引用。

(6) 模糊引注。为逃避被指责为抄袭的可能，在直接引用了他人的相关文献后，不标出具体的引文出处，如分册数、页码等，而将它们笼统地列在文后参考文献中。

(7) 转换引注。为了在表面上提高引注的质量，将实际上是转引或未经查阅原始出处的引文标注为直引，或者将引自译著的引文标注为引自原著。

6 参考文献的常见问题

(1) 文献罗列不全。正文中大谈某年某人做了什么研究，有什么论点等，而未引参考文献；在应该引用文献的地方没有引用，使读者查不到原文。在投稿前要对照引用文献的原始出处，仔细检查参考文献部分。

(2) 文献罗列过多。非主要的参考文献都列在参考文献内，未经作者亲自阅读的转引文献或转引他人文后所附的文献、保密的内部资料、未发表的资料、个人通信方式等也列入参考文献中。

(3) 盲目转引他人参考文献。作者并没有亲自阅读所引文献，以致错误很多。例如，引用论点不够准确，断章取义甚至歪曲原意；经检索，有的引用文献在原文中根本没有相关内容。

(4) 文献陈旧，信息不新。引用的文献大部分为 5 年前的研究，有的综述的大多数参考文献发表于 3 年前，这样就不可能把最新的研究动态和学科发展趋势综述出来。

(5) 文内引用处未标角码或标注有误。有的作者未掌握参考文献标引的基本规范，仅在文后列出参考文献，而正文内相应处未标角码；有的正文内角码处与参考文献所引内容不一致。

(6) 规格不当。著录规则未按 GB/T 7714—2015 及稿约要求的格式书写或格式错误：①项目次序颠倒；②缺项；③作者仅列前 3 位，后未加“，等”；④标点符号错误；等等。

(7) 外文文献书写错误。外文文献常见书写错误：①字母错误，大小写错误，有的单词拼写错误；②外文词连排，分开错误，移行不按音节；③外文期刊名缩写错误，刊名与书名、论文集混淆等。

(8) 外国作者姓名书写不当。国标规定“个人著者采用姓在前、名在后的著录形式”，外文也应姓在前、名缩写在后，如 John(第一名也就是本名)R.(第二名也就是亲属名首字母)Thomas(姓)应写成 Thomas J R，有的误将名作姓，写成 John R T，有的按原杂志上的署名全部搬到参考文献中，转引他人外文文献问题就更多。

7 参考文献的常见标注方法

(1) 著作：作者姓名．题名[M]．出版地：出版者，出版年．

(2) 期刊论文：作者姓名．题名[J]．期刊名称，年，卷(期)：页码．

(3) 会议论文：作者姓名．题名[C]//论文集名称．出版地：出版者，出版年．

(4) 学位论文：作者姓名．题名[D]．出版地：出版者，出版年．

(5) 专利文献：专利申请者或所有者姓名．专利题名：专利国别，专利号[P]．公告日期或公开日期．获取路径．

(6) 电子文献：作者姓名．题名[文献类型标识/文献载体标识](见其他)．出版地：出版者，出版年(更新或修改日期)．获取路径．

(7) 报告：作者姓名．题名[R]．出版地：出版者，出版年．

(8) 标准：标准号. 题名[S]. 出版地：出版者，出版年.

同一著作中作者不超过 3 名时，全部照录，超过 3 名时，只著录前 3 名作者，其后加“，等”。

其他：数据库(DB)，计算机程序(GP)，光盘(CD)，联机网络(OL).

第十五讲

采用国家法定计量单位　保障论文表达规范性

PPT

导读

计量单位涉及工农业生产、国防建设、科学研究、文化教育、国内外贸易等各个方面，与人民群众的日常生活也息息相关。1985 年 9 月 6 日，第六届全国人民代表大会常务委员会第十二次会议通过《中华人民共和国计量法》。该法明确规定：国家实行法定计量单位制度。国际单位制计量单位和国家选定的其他计量单位，为国家法定计量单位。各行各业均须采用国家法定计量单位，严格遵守并正确使用；非国家法定计量单位应当废除。本讲介绍国家法定计量单位的定义、构成和特点，以及应当停止使用的非国家法定单位；物理量，包括物理量定义与表达、物理量使用注意事项、物理量符号、物理量符号下标；量和单位使用常见问题；符号的正斜体使用规则。

1 国家法定计量单位的定义、构成和特点，以及应停止使用的非国家法定单位

1.1 国家法定计量单位的定义

计量单位是指根据约定定义和采用的标量，任何其他同类量可与其比较使两个量之比用一个数表示。计量单位具有约定的名称和符号。

各种物理量都有它们的量度单位，并以选定的物质在规定条件显示的数量作为基本量度单位的标准，在不同时期和不同的学科中，基本量的选择可以不同。在国际单位制(SI)中，以长度、质量、时间、电流、热力学温度、物质的量、发光强度这7个物理量为基本量，它们的单位名称依次为米、千克、秒、安[培]、开[尔文]、摩[尔]、坎[德拉]。

由基本量根据有关公式推导出来的其他量，叫作导出量。导出量的单位叫作导出单位。如速度的单位是由长度和时间单位组成的，用“m/s”表示。由其他量的单位组合而成的单位叫作组合单位。如压强的单位(Pa)可以用力的单位(N)和面积的单位(m^2)组成，即N/m^2。

1.2 国家法定计量单位的构成

国际单位制(LE Systeme International d'Unités，SI)，源自公制或米制，旧称“万国公制”，是现时世界上最普遍采用的标准度量衡单位系统，采用十进制进位系统，经过18世纪末科学家的努力，最早于1799年被法国作为度量衡单位。国际单位制是在公制基础上发展起来的单位制，于1960年第11届国际计量大会通过，推荐各国采用，其简称为SI。

我国国家法定计量单位(简称法定单位)是中央政府以命令的形式，明确规定要在全国采用的计量单位制度。凡属法定单位，在一个国家的任何地区、部门、机构和个人，都必须严格遵守，正确使用。我国法定单位是以国际单位制(SI)的单位为基础，加上我国选定的一些非SI的单位构成的，具体来说，包括以下5个部分。

(1)SI基本单位(表1)。

(2)包括SI辅助单位在内的具有专门名称的SI导出单位(表2)。

表 1　SI 基本单位

量的名称	单位名称	单位符号
长度	米	m
质量	千克	kg
时间	秒	s
电流	安[培]	A
热力学温度	开[尔文]	K
物质的量	摩[尔]	mol
发光强度	坎[德拉]	cd

注：①圆括号中的名称，是它前面的名称的同义词，下同。②无方括号的量的名称与单位名称均为全称。方括号中的字，在不致引起混淆、误解的情况下，可以省略。去掉方括号中的字即为其名称的简称。下同。③本标准所称的符号，除特殊指明外，均指我国法定计量单位中所规定的符号以及国际符号，下同。④人民生活和贸易中，质量习惯称为重量。

表 2　包括 SI 辅助单位在内的具有专门名称的 SI 导出单位

量的名称	SI 导出单位		
	名称	符号	用 SI 基本单位和 SI 导出单位表示
[平面]角	弧度	rad	1 rad = 1 m/m = 1
立体角	球面度	sr	1 sr = 1 m^2/m^2 = 1
频率	赫[兹]	Hz	1 Hz = 1 s^{-1}
力	牛[顿]	N	1 N = 1 kg · m/s^2
压力，压强，应力	帕[斯卡]	Pa	1 Pa = 1 N/m^2
能[量]，功，热量	焦[耳]	J	1 J = 1 N · m
功率，辐[射能]通量	瓦[特]	W	1 W = 1 J/s
电荷[量]	库[仑]	C	1 C = 1 A · s
电压，电动势，电位(电势)	伏[特]	V	1 V = 1 W/A
电容	法[拉]	F	1 F = 1 C/V
电阻	欧[姆]	Ω	1 Ω = 1 V/A
电导	西[门子]	S	1 S = 1 $Ω^{-1}$
磁通[量]	韦[伯]	Wb	1 Wb = 1 V · s
磁通[量]密度，磁感应强度	特[斯拉]	T	1 T = 1 Wb/m^2
电感	亨[利]	H	1 H = 1 Wb/A
摄氏温度	摄氏度	℃	1 ℃ = 1 K
光通量	流[明]	lm	1 lm = 1 cd · sr
[光]照度	勒[克斯]	lx	1 lx = 1 lm/m^2

(3) 可与国际单位制单位并用的我国法定计量单位(表 3)。

我国选定的可与 SI 并用的非 SI 的单位共有 16 个，它们是我国法定单位的组成部分。

表 3　可与国际单位制单位并用的我国法定计量单位

量的名称	单位名称	单位符号	与 SI 单位的关系
时间	分	min	1 min = 60 s
	[小]时	h	1 h = 60 min = 3 600 s
	日(天)	d	1 d = 24 h = 86 400 s
[平面]角	度	°	1° = (π/180) rad
	[角]分	′	1′ = (1/60)° = (π/10 800) rad
	[角]秒	″	1″ = (1/60)′ = (π/648 000) rad
体积	升	L(l)	1 L = 1 dm^3 = 10^{-3} m^3
质量	吨 原子质量单位	t u	1 t = 10^3 kg 1 u ≈ 1.660 540 × 10^{-27} kg
旋转速度	转每分	r/min	1 r/min = (1/60) s^{-1}
长度	海里	n mile	1 n mile = 1 852 m(只用于航行)
速度	节	kn	1 kn = 1 n mile/h = (1 852/3 600) m/s (只用于航行)
能	电子伏	eV	1 eV ≈ 1.602 177 × 10^{-19} J
级差	分贝	dB	
线密度	特[克斯]	tex	1 tex = 10^{-6} kg/m
面积	公顷	hm^2	1 hm^2 = 10^4 m^2

(4) 由以上单位构成的组合单位。

例如：速度单位 m/s(米每秒)，力矩单位 N · m(牛米)，摩尔热容单位 J/(mol · K)(焦每摩开)。

(5) SI 词头(表 4)与以上单位构成的倍数单位。

表 4　SI 词头

因数	词头名称		符号
	英文	中文	
10^{24}	yotta	尧[它]	Y
10^{21}	zetta	泽[它]	Z
10^{18}	exa	艾[可萨]	E
10^{15}	peta	拍[它]	P
10^{12}	tera	太[拉]	T
10^{9}	giga	吉[咖]	G
10^{6}	mega	兆	M
10^{3}	kilo	千	k
10^{2}	hecto	百	h
10^{1}	deca	十	da
10^{-1}	deci	分	d
10^{-2}	centi	厘	c
10^{-3}	milli	毫	m
10^{-6}	micro	微	μ
10^{-9}	nano	纳[诺]	n
10^{-12}	pico	皮[可]	p
10^{-15}	femto	飞[母托]	f
10^{-18}	atto	阿[托]	a
10^{-21}	zepto	仄[普托]	z
10^{-24}	yocto	幺[科托]	y

1.3　国家法定计量单位的特点

与其他国家的法定单位相比，虽然都是以 SI 为基础，但我国在法令的内容、形式和非 SI 单位的选用等方面具有特色。这种特色可概括为：简单明了，科学完善，具体实用，照顾国情，留有余地。

1.4　应停止使用的非国家法定单位

(1)所有市制单位。

(2)除公斤、公里、公顷以外的“公”字头单位。

(3)英制单位。

(4)其他非法定单位。

2 物理量

2.1 物理量定义与表达

物理量，简称量，是现象、物体或物质的可以定性区别和定量确定的一种属性。凡是可以定量描述的物理现象都是量，量都是可测的。

对于任何一个量，都可以写出 $A=\{A\}\cdot[A]$，其中，$[A]$代表量 A 的单位，$\{A\}$代表 A 在使用单位$[A]$时的值。

2.2 物理量使用注意事项

对于量名称的使用，应注意以下几点：

(1) 不应使用已废弃的名称。

(2) 同一个量不应有多种写法。

(3) 不得使用自造的名称。

(4) 应优先采用标准化的新名称。

2.3 物理量符号

在 GB 3100—1993 中，对每个量都给出了 1 个或 2 个以上符号，这些符号就是标准化的符号。对于非普及性的科技书刊，尤其是数理公式中，必须采用量符号。对量符号的书写与使用，应注意以下几点：

(1) 应使用斜体字母。

(2) 应使用 GB 3100—1993 规定的符号。

(3) 量符号一般为单个拉丁字母或希腊字母。

(4) 不能把量符号作为纯数使用。

(5) 不能把化学元素符号作为量符号使用。

2.4 物理量符号的下标

为了表示量的特定状态、位置、条件或测量方法等，常常需要在量符号上附加其他标志。对量符号下标的书写与使用，应注意以下几点：

(1) 应优先采用 GB 3100—1993 规定的下标符号。

（2）要注意区分下标字母的正斜体。

（3）要注意区分下标字母的大小写。

3 量和单位使用常见问题

在使用量和单位的名称、符号、书写规则方面，归纳起来主要存在以下 12 个方面的问题。

（1）使用已废弃的量名称。例如：比重、比热、原子量、质量百分比浓度等。

（2）未使用国家标准规定的量符号。例如：质量符号不用 m，而用 W、P 或 Q 等；用多个字母构成一个量符号，如用 *CHT* 作“临界温度”的符号。

（3）使用已废弃的非法定单位或单位符号。前者如斤、千克力（kgf）、卡（cal）、摩尔浓度（M）等；后者如 rpm（转每分）。

（4）非普及性的科技书刊使用单位的中文符号，有时还把单位名称当中文符号使用。

（5）同一篇论文中的单位时而用中文符号，时而用国际符号，在组合单位中两种符号并用。例如：m^3/秒。

（6）把一些不是单位符号的符号，甚至把单位的全称，作为标准化符号使用。

（7）量符号及其下标符号、单位及词头符号的正斜体、大小写不符合国家标准的规定。

（8）不善于使用词头构成十进倍数或分数单位，出现 100000 m，0.00036 A 的量值书写形式。

（9）词头使用错误，如独立使用、重叠使用等。

（10）对单位符号进行修饰，如在单位符号上加下标、复数形式以及其他说明性文字。

（11）单位使用张冠李戴。

（12）在图表等中用特定的单位表示量的数值时，未采用“量/单位”的标准化表示法。

相关例子见表 5～表 11。

表 5　常见的单位符号大小写混淆示例

单位名称	错误符号	标准符号
米	M	m
秒	S	s
吨	T	t
千克	Kg	kg
摩[尔]	Mol	mol
流[明]	Lm	lm
勒[克斯]	Lx	lx
帕[斯卡]	pa	Pa
摄氏度	° C	℃
电子伏	ev	eV
赫[兹]	HZ，H_z	Hz

表 6　常见非标准单位符号例表

单位名称	错误符号	标准符号
分	m	min
秒	sec	s
天	day	d
[小]时	hr	h
年	y,yr	a
摩[尔]	mole	mol
焦[耳]	Joule	J
勒[克斯]	lux	lx
[细胞]个每升	cells/L	L^{-1}
转每分	rpm	r/min
星期	wk	星期,周
月	mo	月

表 7　长期被用作单位符号的 4 个英文缩写词

缩写	全称	原义
ppm	parts per million	10^{-6}
pphm	parts per hundred million	10^{-8}
ppb	parts per billion	10^{-9}(美、法等) 10^{-12}(英、德等)
ppt	parts per trillion	10^{-12}(美、法等) 10^{-18}(英、德等)

表 8　常用的标准化名称与旧名称对照例表

标准量名称	暂许用旧名称	单位
角频率	圆频率	rad/s 或 s^{-1}
弹性模量	杨氏模量	Pa
切变模量	库仑模量	Pa
摩擦因数	摩擦系数	1
热力学能	内能	J
光出射度	面发光度	lm/m^2
电通[量]密度	电位移	C/m^2
电通[量]	电位移通量	C
摩尔热力学能	摩尔内能	J/mol
质量热力学能	质量内能	J/kg
B 的活度因子	B 的活度系数	1
原子或电子的 g 因数， 原子核或核子的 g 因数	g 值，朗德因数	1
比结合能	[每个核子的]平均结合能	J
反应堆时间常数	反应堆周期	s

表 9　常见标准化量名称与废弃量名称的对照例表

标准化量名称	废弃量名称	说明
质量	重量	在科学技术中，重量表达的是力的概念，其单位为 N，而质量的单位为 kg，二者不可混淆。只有在人民生活和贸易中，质量习惯被称为重量，但国家标准不赞成这种习惯
体积质量，密度	比重	历史上“比重”有多种含义：当其单位为 kg/m^3 时，应称为体积质量；当其单位为 1，即表示在相同条件下，某一物质的体积质量与另一参考物质的体积质量之比时，应称为相对体积质量
相对体积质量，相对密度		
质量热容，比热容	比热	定义为热容除以质量，单位为 J/(kg · K)
质量定压热容，比定压热容	定压比热容，恒压热容	定义为定压热容除以质量，单位为 J/(kg · K)。称为定压比热容违背“比字加在量的名称前用以指该量被质量除所得的商”这一规定
电流	电流强度	单位为 A
相对原子质量	原子量	二者的单位为 1
相对分子质量	分子量	
分子质量		单位为 kg，常用 u

表 10　土地面积法定单位及其大致使用场合

名称	中文符号	国际符号	换算关系	大致使用场合
平方千米，平方公里	千米^2	km^2	$1\ km^2 = 10^6\ m^2$	国家版图，地区疆域面积
公顷	百米^2	hm^2	$1\ hm^2 = 10^4\ m^2$ = 15 市亩	耕地、林地、草地面积
平方米	米^2	m^2		建筑面积，宅基地面积

表 11　常见废弃单位及换算因数

单位名称	符号	换算因数
微(米)	μ	1 μ=1 μm
费密	Fermi	1 Fermi=10^{-15} m=1 fm
达因	dyn	1 dyn=10^{-5} N
千克力	kgf	1 kgf=9.80665 N
吨力	tf	1 tf=9.80665 kN
标准大气压	atm	1 atm=101.325 kPa
工程大气压	at	1 at=9.80665×10^4 Pa
托	Torr	1 Torr=133.322 Pa
毫米汞柱	mmHg	1 mmHg=133.322 Pa
毫米水柱	mmH_2O	1 mmH_2O=9.80665 Pa
泊	P	1 P=0.1 Pa·s
斯[托克斯]	St	1 St=1 cm^2/s
西西	cc	1 cc=1 mL
丹尼尔	den	1 den=(1/9) tex
兰氏度	°R	1 °R=(5/9) K
华氏度	°F	$\frac{t_F}{°F}=\frac{9}{5}\cdot\frac{T}{K}-459.67$
道尔顿	D, Da	1 D=1 u
[米制]克拉	carat	1 carat=200 mg
尔格	erg	1 erg=10^{-7} J
卡	cal	1 cal=4.1868 J
大卡	kcal	1 kcal=4.1868 kJ
度(电能)		1 度=1 kW·h
[米制]马力		1 马力=735.499 W
辐透	ph	1 ph=10^4 lx
熙提	sb	1 sb=10^4 cd/m^2
尼特	nt	1 nt=1 cd/m^2

续表 11

单位名称	符号	换算因数
屈光度	D	1 D = 1 m^{-1}
奥斯特	Oe	1 Oe ≙ 79.578 A/m
高斯	Gs	1 Gs ≙ 10^{-4} T
麦克斯韦	Mx	1 Mx ≙ 10^{-8} Wb
体积克分子浓度	M	1 M = 1 mol/L
当量浓度	N	

4　符号的正斜体使用规则

4.1　正斜体使用的整体原则

一般来说，固定的量用正体，变化的量用斜体；明确定义的量用正体，未明确定义的量用斜体；计量单位用正体，量的符号用斜体。

4.2　斜体的使用场合

(1)物理量、特征数的符号。

物理量、化学量：*F*(压力)、*V*(体积)、*U*(电压)、*P*(功率)、*R*(电阻)、*C*(电容)、*L*(电感)、*E*(电势能)、*A*(核子数)、*μ*(迁移率)等。

物理常数：*g*(重力加速度)、*k*(玻尔兹曼常数)、*h*(普朗克常数)等。

描述传动现象的特征数符号：*Re*(雷诺数)、*Eu*(欧拉数)、*We*(韦伯数)、*Ma*(马赫数)、*Fo*(傅里叶数)、*Pr*(普朗特数)、*Rm*(磁雷诺数)等。

(2)表示变量的字母、函数符号。

变量符号：x, y, i, j 等。

坐标系符号：笛卡儿坐标变量 x, y, z；圆柱坐标变量 ρ, θ, z；球坐标变量 r, θ, φ；原点 O, o。

矢量、张量、矩阵符号(斜体并加粗)：矢量，如力矩、线速度、角速度、位移、加速度、动量、冲量、角动量、场强、速度等；张量，如剪切应力张量、动量通量张量等。

几何图形中代表点、线、面、体等的字母符号：*A*(点)、*AB*(线段)、△*ABC*(三角形)、∠*A*(角)、*ABC*(平面)、*P*-*ABC*(三棱锥)、*A*-*A*(剖面)等。

直径、半径符号：ϕ(直径)、*R*(半径)等。

统计学符号：标准差 *s*、*F* 检验 *F*、卡方检验χ_2、相关系数 *r*、概率 *P* 等。

未明确定义的函数符号、排列组合和阶乘：$f(x)$、$g(x)$、$F(x)$；$n!$、$m!$ 等。

(3)量符号中表示量和变动性数字的角标。

如：C_V(比热容，*V* 为体积量符号)、L_p(功率级差，*p* 为功率符号)、C_p(定压比热容，*p* 为压力符号)、E_i(i=1，2，3)(这里的 *i* 代表变动性数字)等。

(4)计量化学中表示旋光性、分子构型、构象、取代基位置等的符号。

如：*d*-(右旋)、*dl*-(外消旋)、*o*-(邻位)、*p*-(对位)、*ap*-(反叠构象)、*sp*-(顺叠构象)、*Z*-(双键的顺异构)、*as*-(不对称的)、*trans*-(反式)等。这一类符号后常须加连字符“-”。

(5)非英语单词、短语及其缩略语。

如：*Candida Antarctic Lipase B*(*CALB*)；*P. aeruginosa biofilms*；*O. sativa*；*Macaca mulatta* 等。本规则不适用于非英语专有名词，也不适用于从拉丁文中衍化而来、目前已经被公众广泛认可的科技英语短语，如：“ad lib”“per se”“a posteriori”“in vitro”“a priori”“e. g. ”“i. e. ”“et al. ”和“etc. ”等。

(6)书名、期刊名、期刊卷号等。

如：*Particuology*，49(1)，24-32；*Fluidization*. Springer US 等。

4.3 正体的使用场合

(1)计量单位、国际单位制(SI)词头和 SI 量纲符号。

计量单位符号：m(米)、J(焦)、K(开)、℃(摄氏度)、L(升)、g(克)、W(瓦)、s(秒)、A(安)、Pa(帕)、Ω(欧)、V(伏特)、mol(摩尔)等。

SI 词头符号：T(太)、G(吉)、M(兆)、k(千)、h(百)、十(da)、分(d)、厘(c)、毫(m)、微(μ)、纳(n)等。

SI 量纲符号(共 7 个)：L(长度)、M(质量)、T(时间)、I(电流强度)、Θ(热力学温度)、n(物质的量)、J(发光强度)。

(2)运算符号、缩写符号、函数符号等。

运算符号：d(微分)、δ(变分)、∂(偏微分)、∫(积分)、∑(连加)、Π(连乘)、Δ(有限增量)等。

常量符号：π(圆周率)、e(自然对数的底)、i(虚数符号)、const(常数)等。

缩写符号：min(极小值)、max(极大值)、sup(上确界)、inf(下确界)、def(按定义等于)、lim(极限)、det(行列式)、T(转置符号)、Re(实部)、Im(虚部)等。

固定意义函数符号：对数函数符号(log，lg，ln，lb)、指数函数符号(e，exp)、三角函数符号(sin，cos，tan，cot)、反三角函数符号(arcsin，arccos，arctan，arccot)、双曲函数(sinh，cosh)等。

特殊函数符号：GB/T 3102.11—1993 中共列出了 23 个特殊函数，如 erf(误差函数)、Γ(伽马函数)、B(贝塔函数)、ζ[黎曼(泽塔)函数]等。

特殊算子符号：grad(梯度)、div(散度)、rot(旋度)、Δ(拉普拉斯算子)等。

特殊集合符号(共 5 个，正体并加粗)：**N**(非负整数集，自然数集)、**Z**(整数集)、**Q**(有理数集)、**R**(实数集)、**C**(复数集)。

(3)量符号中具有特定含义的非量符号角标。

具有描述性质的英语单词(或汉语拼音)作为量符号的角标时，一般使用正体。如：F_{n}(法向力，下标 n 是英文词 normal 的首字母，表示法向)；l_{cor}(修正长度，下标 cor 是英文词 correction 的缩写，表示修正)；类似的还有 E_{k}(动能)、E_{p}(势能)、E_{R}(辐射能)、μ_{r}(相对磁导率)、R_{exp}(电阻实验值)、k_{obs}(表观反应速率常数)等。

(4)标准和规程代号。

GB(国家标准)、JB(机械行业标准)、YB(冶金行业标准)、QB(轻工行业标准)、ISA(国际标准协会标准)、ISO(国际标准化组织标准)、IEC(国际电工委员会标准)、DIN(德国标准)、ANSI(美国标准)、JJG(计量检定规程)等。

(5)设备、仪器、元件、样品、机具等的型号或代号。

G(发电机)、M(电动机)、T(变压器)等；PHI 5000C ESCA(X 射线光电子能谱仪)、LC-2010HT(液相色谱仪)、PEDOT：PSS[聚(3，4-亚乙二氧基噻吩)-聚(苯乙烯磺酸)]等。

(6)酸碱度和硬度符号。

pH(酸碱度);洛氏硬度(HR);布氏硬度(HB);HK(努氏硬度);HM(显微硬度);HS(肖氏硬度);HV(维氏硬度)等。

(7)不表示量符号的科技名词术语。

MOF(金属有机框架)、CVD(化学气相沉积)、PVC(聚氯乙烯塑料)、NBR(丁腈橡胶)、CT(X射线电子计算机断层扫描仪)、EIT(电阻抗断层成像)等。

(8)罗马数字、表示序号和编号的连续字母。

罗马数字:Ⅰ、Ⅴ、Ⅹ、L(50)、C(100)、D(500)、M(1000)等;

顺序号:

分图号:a)、b)、e)。

标题号:a.、b.、e.。

图例号:Fig. 1(a)、Fig. 1(b)。

公式号:2-1(a)、2-1(b)。

附录号:Appendix A、Appendix T等。

(9)人名、地名、产品名、企业单位名、期刊号等。

第十六讲

掌握常用物理量的正确表达
撰写规范的材料冶金类科技论文

PPT

导读

科技论文的写作和出版必须遵守有关国家标准和规范，在材料冶金类科技论文的写作和编辑过程中，经常遇到金属材料力学性能指标、溶液组成的量名称，以及湿法冶金中常用物理量的符号或概念的表达方式不统一的情况。本讲从探讨符号或概念的物理意义出发，依据国家标准和规范，给出各物理量的规范表达形式，包括金属材料力学性能指标的规范表达，溶液组成的规范表达，以及分离科学中几个物理量的规范表达。

1 金属材料力学性能指标的规范表达

强度、塑性和硬度是金属材料的重要力学性能。例如，关于金属材料力学性能的物理量的国家标准 GB/T 228—2002，是在合并修订国家标准 GB/T 228—1987、GB/T 3076—1982 和 GB/T 6396—1986 的基础上形成的，等效于国际标准 ISO 6892—1998。GB/T 228—2002 包括的技术内容和要求与原有 3 个标准有较大区别，尤其是在性能名称和符号、抗拉强度定义、试验速率、性能结果数值的修约方面进行了变动。

1.1 金属材料强度与塑性的规范表达

金属材料常用的强度判据是屈服强度和抗拉强度，常用的塑性判据是断后伸长率和断面收缩率。通常采用拉伸试验测定金属材料的强度与塑性。试验必须按照国家标准 GB/T 228—2002 进行。与 GB/T 228—1987 相比，GB/T 228—2002 中屈服强度与抗拉强度的意义区别较大，而其他性能的定义无实质性差异。

1.2 屈服强度和抗拉强度

屈服强度是指当金属材料呈现屈服现象时，在试验期间达到塑性变形而不增加力时的应力点。当金属材料没有明显的屈服现象时，规定试样产生一定的残留变形时材料所承受的应力作为它的屈服强度。在 GB/T 228—2002 中，没有规定屈服强度的量符号，屈服强度泛指上、下屈服强度性能，应区分上屈服强度(R_{eH})和下屈服强度(R_{eL})。而在 GB/T 228—1987 中，屈服强度既泛指屈服点和上屈服点(σ_{sU})、下屈服点(σ_{sL})性能，也特指单一屈服状态的屈服点性能(σ_s)。GB/T 228—1987 中的上屈服点和下屈服点的量符号 σ_{sU} 和 σ_{sL} 分别以 GB/T 228—2002 中的上屈服点强度和下屈服点强度的量符号 R_{eH} 和 R_{eL} 代替。

根据不同测量方法，将屈服强度分为如下 3 种情况：规定非比例延伸强度、规定残余延伸强度和规定总延伸强度，量符号分别为 R_p、R_r 和 R_t。在 GB/T 228—1987 中，$\sigma_{0.2}$ 表示没有明显屈服现象的金属材料的屈服强度，下标 0.2 表示试样的残留变形量为试样标距长度的 0.2%。这种表示方法没有标明残留变形量的测量方法，不能反映 GB/T 228—2002 中规定的 3 种情况，应当予以废除，而应分别以 $R_{p,0.2}$、$R_{r,0.2}$或 $R_{t,0.2}$ 取代，下标 p、r 和 t 分别表示 3 种不同的测量方法，下标 0.2 表示试样标距部分的伸长率等于引伸标距的 0.2%。

GB/T 228—2002 中，抗拉强度定义为相应最大力的应力，而最大力是指试样在屈服阶段之后所能抵抗的最大力。对于无明显屈服(连续屈服)的金属材料，为试验期间的最大力。在 GB/T 228—1987 中，抗拉强度的量符号为 σ_b，而在 GB/T 228—2002 中，抗拉强度的量名称不变，但量符号改为 R_m。

1.3　断后伸长率和断面收缩率

断后伸长率是试样拉断后标距的伸长与原始标距的百分比；断面收缩率是试样拉断后，缩颈处横截面积的最大缩减量与原始横截面积的百分比。

在国家标准 GB/T 228—2002 中，断后伸长率与断面收缩率的量名称没有改变，但断后伸长率的量符号由 δ 改为 A，断面收缩率的量符号由 ψ 改为 Z。GB/T 228—2002 定义了 12 种可测拉伸性能，其中 10 种性能的名称与修订前的标准的名称有差异。表 1 列出了 GB/T 228—2002 与 GB/T 228—1987 金属材料常用力学性能的量名称和量符号的对照。

表 1　金属材料常用力学性能的量名称与量符号的对照

GB/T 228—2002		GB/T 228—1987	
性能名称	符号	性能名称	符号
—	—	屈服点	σ_s
上屈服强度	R_{eH}	上屈服点	σ_{sU}
下屈服强度	R_{eL}	下屈服点	σ_{sL}
规定非比例延伸强度	R_p	规定非比例伸长应力	σ_p
规定残余延伸强度	R_r	规定残余伸长应力	σ_r
规定总延伸强度	R_t	规定总伸长应力	σ_t
抗拉强度	R_m	抗拉强度	σ_b
屈服点延伸率	A_e	屈服点伸长率	δ_s
断后伸长率	A, $A_{11.3}$	断后伸长率	δ_5, δ_{10}
断面收缩率	Z	断面收缩率	ψ
最大力总伸长率	A_{gt}	最大力下的总伸长率	δ_{gt}
最大力非比例伸长率	A_g	最大力下的非比例伸长率	δ_g
断裂总伸长率	A_t	—	—

由表 1 可知，对于强度性能的主符号，GB/T 228—2002 中用英文字母 R 代替 GB/T 228—1987 中的 σ；对于塑性性能的主符号，GB/T 228—2002 中用字母 A 代替 GB/T 228—1987 中的 δ，用字母 Z 代替 ψ。GB/T 228—2002 中没有定义 GB/T 228—1987 中的屈服点 σ_s，因此没有相应的性能名称和符号。符号 A(不标注下标)是指比例系数 $k=5.65$ 的比例标距时测定的断后伸长率；而用其他比例系数的比例标距或非比例标距测定断后伸长率时，符号 A 应分别标注下标以说明所使用的比例系数值和非比例标距的长度，如 $A_{11.3}$ 和 $A_{100\,mm}$。GB/T 228—2002 中采用了延伸和伸长这两个近义术语，可以理解为拉伸试验时在引伸计标距上的伸长为延伸，在试样标距上的伸长为伸长。

1.4 材料硬度的规范表达

硬度本身不是一个单纯的物理量，它是表征材料的弹性、塑性、形变强化、强度和韧性等一系列不同物理量组合的一种综合性能指标。一般认为，硬度是在材料表面上不大体积内抵抗变形或破裂的能力。随试验方法的不同材料硬度的物理意义也不同。

材料硬度的试验方法主要如下：

(1)压入法，用于测量布氏硬度、洛氏硬度和维氏硬度等。

(2)刻划法，用于测量莫氏硬度。

(3)回跳法，用于测量肖氏硬度等。

在机械制造业中，主要采用压入法测量材料硬度。因此，金属材料力学性能中常常提到的硬度用布氏、洛氏和维氏硬度表示。

GB/T 230—1991 规定布氏硬度的符号为 HB，GB/T 4340—1984 规定维氏硬度的符号为 HV，GB/T 231—1984 规定洛氏硬度的符号为 HR。GB/T 3101—1993 规定“量的符号通常是单个拉丁或希腊字母，有时带有下标或其他的说明性标记。无论正文的其他字体如何，量的符号必须是斜体”。但由于硬度不是一个单纯的物理量，不应套用这个概念。而且国际科技书刊领域已广泛使用 HB、HV 和 HR 作为硬度的符号。因此，建议硬度符号还是应该由 2 个或 3 个(第 3 个字母表示试验条件) 正体字母组成，即洛氏硬度的符号为 HR(HRA、HRB 和 HRC，字母 A、B 和 C 为标尺)，维氏硬度的符号为 HV，布氏硬度的符号为 HB(HBS 和 HBW，S 或 W 分别表示压头为钢球或硬质合金)。布氏硬度和维氏硬度的单位为 MPa，洛氏硬度是量纲为 1 的量。

国标规定，硬度值应放在符号的前面，符号后面是实验条件。提及材料硬度时，应具体指明布氏硬度、维氏硬度或洛氏硬度。当硬度值与量符号及试验条件同时标注时，可以不标注单位，规范化标注分别如2 000 HBS、5 000 HBW、100 HV 和 38 HRC 等。但在函数图表中标注时，还是应该采用量与单位之间用“/”隔开的形式，以示自明性，即规范化标注形式应为“HB/MPa”“HV/MPa”和“HR”。

2　溶液组成的规范表达

由《物理化学和分子物理学的量和单位》(GB/T 3102.8—1993)可知，表示溶液组成标度的量可以分为 3 类，即浓度、分数和比。正确使用 GB 3102.8—1993 规定的量的名称、符号及其单位是规范表达溶液组成的基础和前提。

2.1　浓度

表示溶液浓度的法定量名称有 4 个，以物质 B 为例，有 B 的浓度、B 的质量摩尔浓度、B 的质量浓度和 B 的分子浓度。

(1) B 的浓度。B 的浓度又称 B 的物质的量浓度，量符号为 c_B。c_B 是 B 的物质的量除以溶液的体积，SI 单位为 mol/m^3。在实际应用中，c_B 常用单位为 mol/L，当体积要求精确度高时用 mol/dm^3 表示。

在化学反应中，B 的浓度也可表示为[B]。它表示化学反应处于平衡状态下 B 的浓度，与 c_B 表示的通常状态下 B 的浓度有区别。

摩尔浓度 M、克离子浓度 M、当量浓度 N、克分子浓度、体积克分子浓度等这一类量名称及其符号均应废止。

(2) B 的质量摩尔浓度。B 的质量摩尔浓度又称 B 的质量摩尔浓度，符号为 b_B 和 m_B。b_B 和 m_B 的定义为溶质 B 的物质的量 n_B 除以溶剂 A 的质量 m_A，即 b_B，$m_B = n_B/m_A$。b_B和 m_B 的法定单位为 mol/kg。b_B 和 m_B 这两个符号均可使用。非法定量名称重量克分子浓度、重量摩尔浓度均应废止。

(3) B 的质量浓度(ρ_B)。B 的质量浓度为 B 的质量 m_B 与混合物的体积 V 之比，SI 单位为 kg/m^3，常用单位为 kg/L。重量浓度、浓度、含量为非法定量名称，均应废止。

(4)B 的分子浓度(C_B)。B 的分子浓度为 B 的分子数除以混合物的体积，单位为 m^{-3}，化学中常用 L^{-1}。而以往常用的分子比应废止。

在 GB/T 3102.8—1993 中，只有物质的量浓度与浓度是同一个量名称的两种称谓，使用中可以替换，其他量名称都不得统称为浓度，必须指明具体的量名称。

2.2 分数

分数主要有 3 个法定量，即质量分数、摩尔分数和体积分数。以物质 B 为例，其分类如下。

(1)B 的质量分数。B 的质量分数定义为 B 的物质的量 n_B 与溶液的质量之比，符号为 w_B。以前使用的重量百分数、质量百分比浓度、重量百分比浓度、浓度等量名称，均应称为质量分数，这些旧的量名称均应废止。

(2)B 的摩尔分数。B 的摩尔分数定义为溶质 B 的物质的量 n_B与溶液中所有物质的量的总和（$\sum_B n_B$）之比，符号为 x_B和 y_B。标准规定应优先使用量符号 x_B。以往使用的克分子数(又称摩尔数)、克原子数、克当量数(又称当量数)、克离子数等，以及与此对应的克分子百分数、摩尔百分数、克原子百分数、克离子分数等名称均应废止，而以指明物质 B 的基本单元的 B 的摩尔分数取代。

(3)B 的体积分数。B 的体积分数的符号为 φ_B，其定义如下：$x_B V^*_{m,B} / \sum_A x_A V^*_{m,A}$。式中：$x_B$ 和 x_A 分别为物质 B 和 A 的摩尔分数，$V^*_{m,B}$ 和 $V^*_{m,A}$ 分别为纯物质 B 和 A 在相同温度和压力下的摩尔体积，$\sum$表示在全部物质范围求和。以往使用的体积百分比浓度、体积百分数、体积百分含量、浓度等名称均应废止。

2.3 比

表示溶液组成的比主要指溶质 B 的摩尔比。溶质 B 的摩尔比的符号为 r_B，其定义为溶质 B 的物质的量 n_B 与溶剂的物质的量 n_A 之比，其 SI 单位为 1。溶质 B 的摩尔比的替换名称为 B 物质的量比，以往使用的克分子比这一名称应废止。

对表示溶液组成的标准和非标准的量和单位进行对比，结果列于表 2。

表 2　表示溶液组成的标准与非标准的量和单位对照表

标准的量和单位		
量名称	符号	单位
B 的物质的量浓度，B 的浓度	c_B	mol/m^3，mol/L
B 的质量摩尔浓度	b_B，m_B	mol/kg
B 的质量浓度	ρ_B	kg/m^3，kg/L
B 的分子浓度	C_B	m^{-3}，L^{-1}
B 的质量分数	w_B	1
B 的摩尔分数	x_B，y_B	1
B 的体积分数	x_B，y_B	1
溶质 B 的摩尔比	r_B	1
非标准的量和单位		
量名称		单位
摩尔浓度，体积克分子浓度，克分子浓度，克离子浓度，当量浓度		
重量克分子浓度，重量摩尔浓度		%(*M*，*N*)
重量浓度，浓度，含量		ppm，%(*W*/*V*)
分子比		
重量分数，重量百分比浓度，质量百分含量，质量百分浓度，浓度		%(*W*/*W*)， %(*m*/*m*)， ‰，ppm，ppb
克分子分数，克分子百分数，摩尔百分数		
体积百分含量，体积百分比浓度，体积百分数，浓度		%(*V*/*V*)， ‰，ppm，ppb
克分子比		

3　分离科学中几个物理量的规范表达

3.1　液固比

液固比是指液体(多数情况下指的是浸出剂)的用量与固体(多数情况下指的是矿石、物料等)的用量之比。实验中，液体和固体的用量可用质量表示，也可用体积表示，因此，液固比既可以理解为“二者的质量之比”“二者的体积之比”，也可以理解为“液体的体积与固体的质量之比”，如不指明，则很容易引起误解。

为了消除误解，在编辑加工时，当液体和固体都用质量表示时，液固比建议改写成液固质量比，其单位为 g/g 或 kg/kg；当液体和固体都用体积表示时，液固比建议改写成液固体积比，其单位为 mL/cm^3 或 L/dm^3。用 L/S 表示液固比是不规范的，因为字母 L 和 S 分别是液体和固体的英文单词的首字母，建议采用 m_L/m_S 或 V_L/V_S 的规范表达方式。

3.2 相比

胶体及表面物理化学中“相比”(O/A)，又称为“有水比”，是指有机相的体积与水相的体积之比。

“相比”中的“相”指的是“有机相”或“水相”，“有水比”中的“有”指的是“有机相”，“水”指的是“水相”，都是指物质的名称。在“相比”符号“O/A”中，符号“O”和“A”分别是“有机相”和“水相”的英文名的首字母，不能用以表示物理量。因此，建议将“相比”改写成“有机相与水相的体积比”或“有机相的体积/水相的体积”，符号表示为“V_O/V_A”。

3.3 粒度

粒度是表示固体颗粒大小的物理量，一般情况下，不会与其他物理量混淆。在矿物工程研究过程中，常见这样的表示：-74 μm 的矿物质量分数大于60%，+74~-100 μm 粒级颗粒占 80%等。这种粒度的“+”“-”并非纯数学意义上的正、负号，而是指大于或小于某个数值。建议采用文字表达，如用“大于”和“小于”某一数值、或“>”和“<”某一数值的表达形式。GB 3100—1993、GB 3101—1993 及 GB 3102—1993 中规定的颗粒大小的单位是“m”及“m 与其十进制词头的组合”，如“mm、μm、nm”等，没有规定用“目”表示。因此，应将“目”换算成以“mm”或“cm”等表示。但为了增加可读性，建议将“目”并列置于相应的粒径值之后，如将以上表示改为：粒径小于 74 μm(<200 目)的矿物质量分数大于 60%，74 μm(>200 目)~100 μm(<100 目)粒级颗粒的质量分数为 80%。

原文参见：材料冶金类科技论文中常用物理量的规范表达. 中国有色金属学报，2009，19(7)：1350-1353

第十七讲

掌握数字用法及修约规则
提高数据规范性和可信度

PPT

导读

在科技出版物中，数字(特别是阿拉伯数字)的使用频率很高，因此，数字用法是否正确、是否规范统一，是衡量科技出版物和论文质量高低的重要标准之一。本讲阐述应使用阿拉伯数字的场合、应使用汉字的场合、阿拉伯数字的书写规则、数字(量值)范围和公差的表示、数的修约规则、有效数字及其运算规则，以及有关数值的其他问题。

1 应使用阿拉伯数字的场合

科技出版物上数字使用的总的原则为：凡是可以使用阿拉伯数字，而且又很得体的地方，均使用阿拉伯数字。在科技出版物中，阿拉伯数字主要用于以下场合。

(1)公元世纪、年代、年、月、日、时刻。

①公元世纪、年代使用阿拉伯数字。例如：20 世纪、21 世纪、90 年代。

②年、月、日使用阿拉伯数字。例如：正确用法为 1998-02-15，以半字线连接；不能写成 1998-2-15、1998—02—15 或 1998. 02. 15。

③时刻使用阿拉伯数字。例如：18 时 6 分 25 秒，或 18：06：25(冒号)。

④时期与时间的组合，表示方法为：年-月-日 T 时：分：秒，“T”为时间标识符。例如：1998-02-15T18：06：25，或 19980215T180625。

(2)物理量量值。按规定，阿拉伯数字后的计量单位必须使用我国法定计量单位，在非普及性的科技出版物中，还必须使用单位的国际符号。只有在小学、初中教科书和普通书刊中，在必要时可使用单位的中文符号。

例如：1 m(1 米)、2 d(2 天)、12. 5 m^2(12. 5 米^2)、0. 59 A(0. 59 安)、3000 m^3/s (3000 米^3)、34～39 ℃(摄氏度)、100～150 kg(100～150 千克)、600 余 t(600 余吨)。

当数字后面的单位用中文符号时，一定要使用正确的符号。

例如：40 牛·米的错误用法为 40 牛顿·米、40 牛[顿]·米、40 牛顿米；1. 2 千克/米^3 的错误用法为 1. 2 千克/立方米、1. 2 千克每立方米、1. 2 千克/每立方米、1. 2 千克米$^{-3}$。

(3)非物理量的量词(计数单位)前面的数字。计数单位前面的数字，一般也应使用阿拉伯数字。

例如：1 支试电笔、2 台电视机、3 根导线、4 组数据、5 个百分点、6 本参考书、实验重复了 10 遍、用纸 200 令、360 元、10 余人、400 多间房。

(4)计数的数字。计数的数字，包括整数、小数、分数、百分数、比例以及一部分概数，无论是处于数据表、坐标图，还是叙述性文字中，都应用阿拉伯数字。

(5)元件、仪器型号、样品编号、标准代码及其他序号。

例如：MJ2955大功率三极管、TL4080型测试仪、2号卫星、10号菌种、GB/T 5795—1986、ISBN 7-302-02666-1、第1届学术年会、第8天。

(6)文后参考文献(古籍除外)著录中的数字。

例如：李四光. 地壳构造与地壳运动[J]. 中国科学，1973(4)：400-429.

2 应使用汉字的场合

(1)固定词语中作语素的数字。定型的词、词组、成语、惯用语、缩略语或具有修辞色彩的词语中作为语素的数字，必须用汉字。

例如：二元一次方程、六十四边形、三氧化二铁、二极管、三相点、四脚蛇、五倍子、十字接头、十二指肠、星期四、“十四五”攻关项目、“八六三”计划、第一作者、颠三倒四、五届三次理事会、相差十万八千里。

(2)相邻2个数字连用表示的概数必须使用汉字数字，且连用的2个数字之间不得加顿号“、”。

例如：一两千米、十二三公顷、七八十岁、二百四五十万元。

(3)带有“几”字的数字表示的概数。

例如：十几、几百、四百几十、三千几百万、几十万分之一。

(4)中国及世界各国、各民族的非公历纪年。这类纪年不能与公历月日混用，除中国干支纪年和农历月日外，还应采用阿拉伯数字括注公历。

例如：戊寅年二月十三日、正月十五元宵节、九月九日重阳节、腊月二十八日；清咸丰十年九月二十五日(1860年11月7日)、民国三十八年(1949年)。

(5)含有月日简称表示事件、节日和其他特定含义的词组中的数字。如果涉及1月、11月、12月，应采用间隔号“·”将表示月日的数字隔开，并外加引号，以避免歧义。知名度高的事件可不加引号。

例如：“一·二八”事变、“一二·九”运动、“一一·二一”案件、“五二〇”声明、“九一三”事件；五四运动、九一八事变、十一国庆节。

(6)古籍参考文献标注中的数字。这类数字应与所依据的版本一致，使用汉字。

例如：许慎. 说文解字. 四部丛刊本，卷六上. 九页.

3 阿拉伯数字的书写规则

(1)书写4位和4位以上的数字，要采用三位分节法。为使多位数字便于阅读，可将数字分成组，从小数点起，向左或向右每三位分成一组，组间留一空隙，但不得用逗号、圆点或其他方式。间隔为1/4~1/2个汉字。

例如：2 613、3.141 592 6、20 360.342 1。

(2)纯小数小数点前的"0"不能省略。

例如："0.75"不能写作".75"。

(3)多位数不能断开转行。

(4)阿拉伯数字不能与除万、亿及SI词头中文符号外的汉字数字连用。

①万、亿是我国惯用的数词，当数字较大时可改写为用万、亿表示的数。

例如："十二亿一千五百万"可改写为"121 500万"或"12.15亿"，但不能写作"12亿1千500万"；"4 700 000千瓦"可改写为"470万千瓦"或"470万kW"，但不能写作"4百70万千瓦"。

②当百、千、兆为法定单位词头时，可以与阿拉伯数字连用。

例如：hPa(百帕)、kg(千克)、MN(兆牛)等。"5 000克"可以写作"5千克"、"5 000米"可以写作"5千米"，但"5 000元"不能写作"5千元"，"5 000天"不能写作"5千天"。

(5)数字的有效位数应全部写出。科学技术中的数据通常要反映测量的精度，因此小数点右侧数字后面的"0"是不允许随意增删的。

例如："0.250，0.500，0.750 A"不能写作"0.25，0.50，0.75A"。

4 数字(量值)范围和公差的表示

(1)数值(量值)范围的表示。

①数值范围号采用波纹号"~"。例如：5~8 m。

②书写百分数范围，每个百分数后面的"%"都要重复写出。例如："18%~25%"不能写作"18~25%"。

③书写用万或亿表示的数字范围，每个数字中的万或亿不得省略。例如："2万~5万"不得写作"2~5万"。

④书写具有相同幂次的数字范围，每个数字中的幂次都要重复写出。例如：“$3\times10^3\sim6\times10^3$”不得写作“$3\sim6\times10^3$”，但可简写为“$(3\sim6)\times10^3$”。

⑤单位相同的量值范围，前一个量值的单位可以省略，只需在后一个量值后写出单位。例如：“10 mol/L～15 mol/L”可以写作“10～15 mol/L”。前者正确，但后者更简洁，故为绝大多数出版物采用。

⑥书写单位不完全相同的量值范围，每个量值的单位应全部写出。例如：“3′～3′30″”不得写作“3～3′30″”，“2 h～2 h 30 min”不得写作“2～2 h 30 min”，但可分别改写为“3～3.5′”“2～2.5 h”。

(2)公差的表示。

①参量与其公差的单位相同时,单位可只写1次。例如:“15.2 mm±0.2 mm”可以写作“(15.2±0.2)mm”，但不得写作“15.2±0.2 mm”。

②当参量的上、下公差不相等时，公差分别写在参量的右上、右下角；当参量与公差的单位相同时，单位只书写1次；当参量与公差的单位不同时，单位要分别写出。

③参量的上、下公差的有效数字应全部写出。

④参量的上、下公差为“0”时，“0”前面的“+”或“-”号应省略。

⑤表示2个绝对值相等、公差相同的量值范围时，范围号不能省略。

⑥表示带百分数公差的中心值时，百分号“%”只书写1次，且“%”前的中心值与公差应当用圆括号括起。例如：“(55±4)%”任何时候都不得写作“55±4%”，也不宜写作“55%±4%”。

(3)附带单位的量值相乘表示面积、体积的书写方法。每个量值的单位均应写出。

例如：“30 mm×40 mm”不应写作“30×40 mm”,也不能写作“30 ×40 mm^2”；“40 cm×50 cm×60 cm”不应写作“40×50×60 cm”,也不能写作“40×50×60 cm^3”。

(4)一组计量单位相同的量值的表示方法。一组量值的单位相同时，可以只在最末一个量值后写出单位，其余量值的单位省略。量值之间的点号可以用“，”，也可以用“、”，但须统一。

例如：“1 m/s，2 m/s，3 m/s，4 m/s，5 m/s”可写成“1，2，3，4，5 m/s”，或“1、2、3、4、5 m/s”。

5 数的修约规则

(1)为避免修约可能产生的误差，对一个已知数必须1次完成修约。

例如：5.451的修约数为5.5，而不是第一次修约成5.45，第二次修约成5.4。

(2)对于极大值或极小值，经单位换算后进行修约时，应遵循“极大值只舍不入，极小值只入不舍”的原则。

例如：最大体积为8 gal，将单位换算成L，保留3位有效数字。1 gal=4.546 L，8 gal=36.368 L。由于只要求保留3位有效数字，根据极大值只舍不入的修约原则，应修约成36.3 L。

(3)修约口诀。设修约数保留1位小数。

“4舍6入5看右”：5.741 8应修约成5.7，5.761 8应修约成5.8。

“5右有数便进1”：5.750 8应修约成5.8。

“5右为0看左方，左为奇数要进1，左为偶数全舍去”：5.750 0应修约成5.8，5.650 0应修约成5.6。

“无论修约多少位，均应1次完成修约”：5.745 46应1次修约成5.7，而不是5.745 46→5.745 5→5.746→5.75→5.8。

6 有效数字及其运算规则

(1)有效数字。有效数字是在测量或运算中得到的具有实际意义的数值。构成一个有效数字的所有数字，除末位数字是可疑的、不确定的外，都应该是准确、可靠的。因此，有效数字体现着测量或运算的可信程度。

(2)有效数字运算规则。

①加、减运算规则。几个测量值相加、减，其和或差的有效位数应与各参算值中小数位数最少者的位数相同。具体运算过程为：先修约(为保证结果的可靠性，应多保留1位有效数字)，后计算，结果再修约。

例如：已知p_1=753 641 Pa，p_2=337.6 kPa，p_3=21.0 MPa，求总压力p。

解：以MPa为单位，小数位数最少者是p_3(只有1位)，所以总压力也只要保留1位小数。

$p=p_1+p_2+p_3=(0.75+0.34+21.0)\,\text{MPa}=22.09\ \text{MPa}\rightarrow 22.1\ \text{MPa}$

②乘、除运算规则。几个测量值相乘、除，其积或商的有效位数应与各参算值中有效位数最少者的位数相同。具体运算过程同加、减运算。

例如：求 0.033 2×21.364×2.046 79 之积。

解：各参算值中 0.033 2 的有效位数最少（只有 3 位），所以积的有效位数也应取 3 位。先将各参算值修约至 4 位，计算，结果再修约。

$0.033\,2\times21.364\times2.046\,79=0.033\,2\times21.36\times2.047=1.451(634\,144)\rightarrow1.45$。

③乘方、开方运算规则。乘方、开方运算是乘、除运算的特例，所以乘、除运算规则适用于乘方、开方运算，运算结果的有效位数与各参算值的有效位数相同。

例如：正方体的棱长 $l=11$ cm，求正方体体积 V。

解：$V=l^3=1\,331\ \text{cm}^3\rightarrow1.3\times10^3\ \text{cm}^3$。

④对数运算规则。对数运算结果的有效位数，只由尾数部分的位数决定，首数部分是 10 的幂，与有效位数无关。

例如：已知 H_2SO_4 的浓度 $c(H_2SO_4)$ 为 0.001 mol/dm^3，求 H_2SO_4 溶液的 pH。

解：已知 $c(H_2SO_4)=0.001\ \text{mol/dm}^3$，

所以 $c(H^+)=0.002\ \text{mol/dm}^3$。

$\text{pH}=-\lg c(H^+)=-\lg(0.002)=2.698\,970\,004\rightarrow2.7$（此值为 1 位有效数字）。

7 有关数值的其他问题

(1) 数值增加、减少的正确表示。

①数值的增加可以用倍数和百分数表示。

例如：增加了 5 倍，即原来为 1，现在为 6；

增加了 80%，即原来为 1，现在为 1.8。

②数值的减少只能用百分数或分数表示。

例如：降低了 40%，即原来为 1，现在为 0.6；

降低到 40%，即原来为 1，现在为 0.6。

“减少了 3 倍”“降低了 2 倍”等表述是错误的。

(2) 正确使用数值前后表示概数的词。

①“约”“近”“左右”“上下”等词不能并用。以下说法欠妥。

例如：*A*、*B* 两端的电压约为 10 V 左右；今天来听讲的大致有 100 人上下。

②“最大”和“最小”不应与概数连用。以下说法不合逻辑。

例如：中文摘要一般不宜超过 200~300 字；最高气温为 35~38 ℃；最小电压为 12 A 左右。

8 英文数字表达

8.1 1 至 10 用单词表示，10 以上的数字用阿拉伯数字

例如：That table measures 10 m by 5 m.

那个工作台长 10 m，宽 5 m。

例如：The traditional pattern of classroom experience at the college level brings the professor and a group of 20 to 30 students together for a 45-to-50-minute class session two or three times a week.

由一个教授和 20 到 30 名学生每周会晤两三次，每次授课时间 45 到 50 分钟，是大学程度课堂教学的传统方式。

8.2 人数用阿拉伯数字，但不定数量、近似值用单词表示

例如：There are 203 817 voters on the electoral rolls.

选举名单上有 203 817 个投票人。

例如：Nearly thirty thousand voters took part in this election.

近 3 万个投票人参加了这次选举。

8.3 日期、百分比、带单位的特殊数字，通常用阿拉伯数字

例如：Maximum swivel of table is 120°.

工作台的最大回转角度是 120°。

例如：3rd March 1991 或 3 March 1991(1991 年 3 月 3 日)；

a discount of 5% (5%的折扣)。

例如：purchased 7 m of carpet(买 7 m 地毯)。

例如：ordered 2 kg of minced steak(订购 2 kg 剁碎的肉)。

如果涉及的数目和单位是不定数，可用单词表示。

例如：about five kilometers per hour（每小时大约5千米）。

例如：at least ten meters away（至少有10米远）。

例如：I have warned you a hundred times（我已经警告您多少遍了）。

8.4 在科技论文中，用阿拉伯数字陈述比用单词更有利

例如：The new engine has a capacity of 4.3 L and a power out-put of 153 kW at 4 400 revolutions per minute.

这台新发动机的容积为4.3 L，转速为每分钟4 400转时输出功率是153 kW。

8.5 句首不用阿拉伯数字

例如：4th July is an important date in American history.

7月4日是美国历史上的一个重要日子。

应改写成：The fourth of July …

例如：19 couples took part in the ballroom dancing competition.

19对选手参加了交际舞比赛。

应改写成：Nineteen couples took …

例如：60% profit was reported.

据报道有60%的利润。

应改写成：Sixty percent profit …

例如：1 345 N force was applied at the center point of the bar.

试验时在杆的中点加1345 N。

应改写成：When tested, a force of 1 345 N was applied …

8.6 遇到分数，可用带连字符号的单词表示

例如：At least two-thirds of the class have had colds.

这个班至少有三分之二的学生患重感冒。

例如：Nitrogen forms about four-fifths of the atmosphere.

氮约占大气的五分之四。

第十八讲

了解我国科技期刊现状
把论文写在祖国大地上

PPT

导读

科技期刊的数量和质量是衡量一个国家、一个行业、一个部门科技创新能力和科技贡献大小的重要指标。科技期刊发表论文的数量和质量是评价一个人或一个学术机构的重要指标。高质量科技期刊是科技创新的源泉，办好科技期刊是建立国家科技创新体系的重要环节。一个国家科技水平的进步、高科技创新能力的提高和综合国力的增强，都离不开科技期刊的大力发展。截至2022年底，中国科技期刊共有5 163种，其中英文科技期刊434种；期刊数量最多的前3个学科为临床医学(182种)、地球科学(145种)、生物学(97种)；公开出版的科普期刊为257种，占科技期刊总数的4.98%。截至2023年9月，我国有2 066种科技期刊被国际数据库收录。其中，被国际数据库收录的英文期刊386种(比上年增加35种)，占我国434种英文科技期刊的88.94%。我国正在由科技期刊大国迈向科技期刊强国。本讲阐述科学与技术的关系(即“科学绘图景，技术见真章”)、科技期刊与科研评价的关系、我国科技期刊和论文发表总体发展现状、科技期刊分类、“世界一流科技期刊”的内涵及综合能力。

1　科学与技术

《科技日报》原总编辑刘亚东先生认为：从世界科学和技术发展的历史来看，科学和技术一直是两件不同的事情，遵循不同的发展规律。科学的功能是发现，解决的是认识世界的问题；技术的任务是创新，解决的是改造世界的问题。

所以，技术一直存在于经济活动中，成为解决问题的一种能动性的手段和工具，技术创新的概念从一开始就是经济学理论的一部分。也就是说，技术创新的概念指的是一种经济活动而不是科研活动。

中国的科技创新，往往基于把科学技术当成独立于经济活动之外的系统，并且把科学和技术看成同一件事情。在这个概念里，创新更多指向体制内大学、科研机构的工作，而且把科研活动当成更高级的创新。这是对科学和技术概念的一个严重误解。当我们把科学和技术当成一个独立于经济之外的系统时，很容易产生第二个认知偏差：技术源于科学。“技术源于科学”的认识不能说是一种错误，但如果把它当成科学与技术关系的全部就走向了谬误。

追索科学和技术发展的历史，技术作为一种经济活动存在的历史要比科学久远得多，技术在大多数时间都是独立进化的，并且正是因为技术的进化导致了科学的出现。正如复杂经济学的创始人布莱恩·阿瑟在《技术的本质》中所提到的：“科学和技术是两个不同的概念，科学建构于技术”“技术不是科学的副产品，而是或许恰好相反，科学是技术的副产品”。

上海交通大学科学史与科学文化研究院首任院长江晓原教授认为：科学与技术应被视作两个独立的平行系统。当前阶段，我们的重中之重是加速技术的转化应用，而不是在基础研究领域与西方发达国家盲目“对标”。“科学画图景，技术见真章”。科学不断描绘我们对外部世界憧憬的新图景，而技术才是真正解决问题的关键。我们真正需要的是芯片、北斗、5G、高铁、军备等应用技术上发力。未来在迈向“科技强国”的过程中，如何进一步加大技术转移、技术转化才是重中之重。

2　科技期刊与科研评价的关系

科技期刊与科研工作密不可分，是了解一个国家科技创新水平的重要窗口。高质量科技期刊是科技创新的源泉，办好科技期刊是建立国家科技创新体系的重要环节。一个国家科技水平的进步、高科技创新能力的提高和综合国力的增强，都离不开科技期刊的大力发展。科技期刊的学术质量是衡量一个国家、一个行业、一个部门科技创新能力和科技贡献大小的重要指标。

科技期刊发表论文的数量和质量是评价一个人或一个学术机构的重要指标，受到社会和学术界的高度重视。通过对高质量科技期刊主流作者的关注可以发现和培养人才，通过主流作者发表论文的状态可以判断其对科学的认知和从事研究工作的经历及水平，是客观学术评价的基础。

3　我国科技期刊和论文发表总体发展现状

3.1　科技期刊总体情况

截至2020年底，中国科技期刊总量为4 963种(不含未参加2020年期刊年检的数据，不含我国港澳台地区的科技期刊数据)。

我国各地区(注册地)出版科技期刊的数量分布呈现不均衡状态。居前五位的省(区、市)出版的科技期刊数量占期刊总量的一半以上(53.47%)，依次为北京(1629种，32.82%)、上海(355种，7.15%)、江苏(254种，5.12%)、湖北和四川(均为208种，4.19%)。

出版周期以双月刊(1941种，39.11%)和月刊(1804种，36.35%)为主，这两种类型期刊的数量约占总量的3/4。

从文种分布看，中文科技期刊占绝大多数(4 404种，88.74%)，英文科技期刊有375种(7.56%)，中英文科技期刊有184种(3.71%)。

从学科分布看，基础科学类期刊有1 558种(31.39%)，技术科学类期刊有2 259种(45.52%)，医药卫生类期刊有1 146种(23.09%)。

3.2　主管、主办和出版情况

我国4 963种科技期刊的主管、主办和出版单位分布分散，共有1 311个主管单位，平均每个主管单位主管期刊3.79种。基于第一主办单位的统计显示，共有3 140个主办单位，平均每个主办单位主办期刊1.58种。共有4 261个出版单位，平均每个出版单位出版期刊1.16种，其中出版1种科技期刊的出版单位共有 4 069 个(95.49%)。

3.3　科技期刊办刊队伍状况

我国科技期刊从业人员总数为 37 295 人。人员构成以采编人员为主(58.22%),人员身份以在编人员为主(65.63%);学历分布以本科学历为主(45.07%),其中英文科技期刊以博士研究生(34.55%)和硕士研究生(43.56%)为主;职称分布为:中级占 27.79%,副高级占 22.24%,正高级占 18.77%。

3.4　中文科技期刊的学术影响力

中文科技期刊的主要影响力集中在国内。根据《中国学术期刊影响因子年报(2016—2020 版)》和《中国学术期刊国际引证年报(2016—2020 版)》,我国中文科技期刊刊均可被引文献量从 2015 年的 295.44 篇降低到 2019 年的 286.19 篇,呈下降趋势。国内外总被引频次从 2015 年的 794.84 万次,上升到 2019 年的 820.04 万次;2015—2019 年中文科技期刊国内被引频次在国内外总被引频次中的占比高达 95.68%,可见中文科技期刊的主要影响力集中在国内。

3.5　我国英文科技期刊的发展态势

我国英文科技期刊在国际学术交流中的地位和作用日益显现。我国英文科技期刊 2015—2019 年的国内复合被引频次均值为 23.27 万次,国际被引频次均值为 30.17 万次;被国内外文献引用的总频次在这 5 年间呈增长趋势,年均增长率为 13.90%。自 2016 年开始,被国际文献引用的频次已超过被国内文献引用的频次,2019 年国际文献引用占比已达到 69.18%。

3.6　我国的世界一流科技期刊建设进展

2020 年,我国的世界一流科技期刊建设进展良好。

(1)科技期刊高质量发展,国际影响力迅速提升。主要数据库收录期刊数量不断增多,优秀科技期刊数量与质量稳步提升,我国新创英文科技期刊表现亮眼,原创性重大影响力论文涌现。

(2)国内数据库收录期刊数量稳中有升,国内关注度持续提升。被国内主要核心期刊或索引数据库收录期刊数量稳步增长,国内被引、下载频次迅速提升,高被引论文表现突出。

(3)队伍结构不断优化，编辑人才脱颖而出。参与我国科技期刊发展的院士等领域泰斗级重要专家和国际科研人员成为重要的办刊力量；编辑行业交流异常活跃，培养机制与时俱进，形式多样，优秀编辑人才脱颖而出。

(4)科技期刊协同发展，集约化办刊能力不断增强。科技期刊管理专业化，行业支持力度不断加大；科技期刊多模态发展，集约运营能力不断提升；全球视野开放办刊，深层次多领域合作发展。

3.7　我国 SCI 论文产出和 SCI 期刊发表论文情况

与中国作者发文规模相比，SCI 收录中国科技期刊(以下简称“中国 SCI 期刊”)的发文量远不能满足现实发文需求。2020 年中国 SCI 期刊发表论文数占全球 SCI 论文总数的 1.45%，同期中国作者发表的 SCI 论文数占全球 SCI 论文总数的比例达 25.85%。2020 年，中国作者共发表 SCI 论文 549 845 篇，其中 25 766 篇发表在中国 SCI 期刊上，占 4.69%，中国作者贡献了中国 SCI 期刊 83.81%的论文。

2020 年，中国 SCI 期刊高被引论文数为 444 篇，占同期全球高被引论文数(21 264 篇)的 2.09%；中国作者发表的高被引论文为 7 920 篇，占同期全球高被引论文数的 37.25%。

3.8　我国科技期刊发表论文总体情况

2019 年 CNKI 收录的 4 399 种中国科技期刊共发表可被引论文 129.8 万篇，刊均发文 294 篇。60 个学科中发文超过 1 万篇的有 35 个，这 35 个学科的发文量占论文总量的 91.51%，占比在 5%以上的学科有 5 个，依次为“自动化技术、计算机技术”(87 673 篇，6.79 %)、“土木建筑工程”(85 376 篇，6.61%)、“交通运输工程”(74 833 篇，5.79%)、“内科学”(73 000 篇，5.65 %)和“护理学”(71 957 篇，5.57%)。

4　科技期刊分类

4.1　按注册地划分

(1)CN 类刊物。所谓 CN 类刊物，是指在我国境内注册、国内公开发行的刊物。该类刊物的刊号均标注有 CN 字母，通常被称为 CN 类刊物。国家有关法律规定，在国内发行的连续出版物(期刊、报纸等)必须有国家有关部门颁发的 CN 刊号，否则视为非法出刊。国外的期刊、报纸等要进入国内发行，也必须先取得 CN 刊号。

(2) ISSN 类刊物。所谓 ISSN 类刊物，是指国际连续出版物(期刊、报纸等)。国际标准连续出版物编号(International Standard Serial Number，ISSN)是根据国际标准 ISO3297 制定的连续出版物国际标准编码，其目的是使世界上每一种不同题名、不同版本的连续出版物都有一个国际性的唯一代码标识。该类刊物的刊号前标注有 ISSN 字母。

大多数期刊都有双刊号，即国内国外都发行，很少存在单个刊号的情况。一般去相应的数据库(知网、万方、龙源、维普)都能查到期刊的 CN 刊号和 ISSN 刊号。ISSN 由设在法国巴黎的国际 ISDS 中心管理。一些不在国内发行的刊物通常没有 CN 刊号，但会有 ISSN 刊号。部分重要的国际学术刊物，通常只有 ISSN 刊号，却没有 CN 刊号。也就是说，CN 刊号是中国的发行通行证。

4.2　按期刊质量划分

这是当下高校最为常见的一种划分方式，是评奖、评优、评职称的主要划分依据。期刊按质量可划分为核心期刊和普通期刊。

核心期刊是某学科的主要期刊，一般是指所含专业信息量大、质量高、能够代表专业学科发展水平并受到本学科读者重视的专业期刊。

目前，对于科技期刊国内有 4 大核心期刊(或来源期刊)遴选体系：①北京大学图书馆“中文核心期刊”，即北大核心；②中国科学技术信息研究所“中国科技论文统计源期刊”(又称中国科技核心期刊)；③中国科学院文献情报中心“中国科学引文数据库(CSCD)来源期刊”；④万方数据股份有限公司的“中国核心期刊遴选数据库”。

国际上被国内普遍认可的核心期刊(或来源期刊)遴选体系包括：①SCI，美国《科学引文索引》(最重要)；②SSCI，美国《社会科学引文索引》；③EI，《工程索引》。

4.3　按主管部门划分

(1)“国家级”刊物。一般说来，“国家级”期刊，即由党中央、国务院及所属各部门，或中国科学院、中国社会科学院、各民主党派和全国性人民团体主办的期刊及国家一级专业学会主办的会刊。另外，明确标有“全国性期刊”“核心期刊”字样的刊物也可视为“国家级”刊。

(2)“省级”刊物。“省级”刊物，即由各省(自治区、直辖市)的各部门、委办、厅、局、所，省级社会团体和机构以及各高等院校主办，在新闻出版部门有登记备案，国内外公开发行的学术刊物。

其实，从严格意义上说，刊物并无国家级、省级的区分标准。因为，根据原国家新闻出版总署的声明：中国的出版物，只有正式和非正式出版之分，没有所谓国家级、省级之分。

5 “世界一流科技期刊”的内涵及综合能力

5.1 内涵

中国科协、中宣部、教育部、科技部于 2019 年 8 月 5 日联合印发了《关于深化改革 培育世界一流科技期刊的意见》(以下简称《意见》)，这是贯彻落实 2018 年 11 月党中央全面深化改革委员会第五次会议精神、推动我国科技期刊改革发展的纲领性文件。

《意见》认为，我国已成为期刊大国，但缺乏有影响力的世界一流科技期刊，在全球科技竞争中存在明显劣势，必须进一步深化改革，优化发展环境。

一项基于一流期刊作者的国际大型调研发现，学者们对一流期刊的认可主要基于：①声誉好(有品牌、有历史，值得信赖)；②质量高(录用标准高、评议水平高、创新内容多)；③发表快(采取各种手段加快发表，如优先出版、快速发表等)；④传播广(检索方便、被重要检索系统检索、阅读无限，如开放获取)；⑤影响大(在主流系统、主流学者群中具有较大的认可度)。

5.2 综合能力

《意见》指出，培育世界一流科技期刊的建设目标是“未来五年，跻身世界一流阵营的科技期刊数量明显增加，科技期刊的学术组织力、人才凝聚力、创新引领力、国际影响力明显提高”。

纵观世界一流科技期刊，肖宏编审认为，其综合能力可以归纳为以下六个方面。

(1)具有一流的前沿问题把握能力和引领能力。一流期刊从选题策划、热点组织、行业引领性内容建设，均能敏锐瞄准世界范围内的重大问题，牢牢把握人类社会共同关注的前沿问题、学科边缘与交叉领域，尤其是人类创新触及的高端和边缘问题，能迅速判断原创性，并及时予以发表。

(2)具有一流的学术话语权和学术影响力。一流期刊非常重视在世界专业和行业领域内吸纳最高端的学术资源，如顶尖学者、最高学术组织和一流学术机构，将办刊基础建立在最具话语权的学术资源之上，以保障报道的权威性和可信度。从主编、编委会、审稿人队伍、编辑队伍的建设方面，瞄准一流的领导人才、专业人才，引领他们为办刊服务，从而提高刊物的学术影响力。

(3)具有一流的行业资源组织领导力，有集约运作能力。充分发挥一流学协会的行业资源领导力量，依托科学社团组织的学术引领作用和组织协调作用，把政府、企业、民间资本等有利要素有效组合起来为办好期刊服务，保障了旗舰品牌的可持续性。

(4)具有一流的技术融合发展力，保障一流的出版、传播和应用效果。一流期刊非常注重受众在网络时代的用刊体验，浏览《自然》《科学》《细胞》《JACS》等大刊网站，可以看到：非常注重数字出版最新形式，融合最新的科研技术与出版技术，涵盖数字科研、开放创新、开放获取、在线交流、多媒体表现、社交网络交流与传播等各种先进技术，把出版融入科研创新过程，创造优良的学术发表环境；用先进的大数据技术手段协助评判创新价值和创新点、防范学术不端行为；用充分的过程资料、补充资料等防范伪科学；用音频、视频出版等技术保障交流的有效、高效；用优先出版(online first)、及时出版(ASAP)等网络首发手段保证作者的首发权尽早实现。

(5)具有一流的专业人才培养力，保持一流的作者队伍长盛不衰。一流期刊把发现人才、助人成长作为己任，注重对青年作者、初始创新者的扶持培养。开辟绿色通道、专项奖励，鼓励优秀人才在本刊发表论文。利用资深专家点评、遴选年轻的编委和审稿人等各种手段，扶持培养优秀青年人才，培养长期作者。

(6)具有一流的品牌塑造与经营力，使刊物拥有很好的市场效益。一流期刊非常注重文化品牌的差异性创造，善于找准发展定位，形成品牌优势和市场竞争优势。它们目标明确、尊重文化传承并持之以恒，绝不草率变更办刊宗旨；注重品牌延伸建设，围绕核心，集约化、产业化发展，以国际视野下的先进理念和科学文化去影响全球学术界，让学界认可其办刊方向的正确性、引领的权威感、参与的荣誉感、担当的责任感，以此吸纳更多的资源合作，获得发展效益。

第十九讲

理解科技期刊和论文评价指标 争做国家发展所需人才

PPT

导读

国与国之间的竞争，归根结底是科技的竞争，而科技的竞争实质上是人才的竞争。科技人才资源已成为最重要的战略资源，对一国经济发展具有强大的推动作用。科技人才评价是科研管理工作的重要内容，是科技事业健康发展的保证，而选择科学合理的评价方法、对传统评价方法的创新则是科技人才评价的关键。本讲阐述科技期刊评价、学术论文评价、SCI论文与科技人才评价的相关指标，以及如何发挥期刊评价和论文评价对人才评价的正确指导作用。

1　科技期刊评价

1.1　办刊必备条件

创办一个新刊，或办好现有刊物，必须认真思考办刊所需的各种软件和硬件。创办新刊或办好现有刊物应具备以下基本条件：

(1)弄清办刊目的、选择办刊平台、斟酌期刊名称、明确办刊宗旨、保障办刊经费。

(2)明确主管单位、主办单位和承办单位。

(3)聘请主编、副主编。

(4)选择副主编兼编辑部主任。

(5)建设 4 支队伍，即编委队伍、编辑队伍、审稿专家队伍、作者队伍。

(6)建设 2 个平台，即审稿平台、发布平台。

(7)建立出版制度和管理制度。

(8)寻找合作出版伙伴，争取国内外检索收录。

1.2　优秀期刊特点

优秀期刊特点主要包括：

(1)大量发表高水平论文，即所发表论文的研究成果新颖，方法和数据可靠。

(2)编委具有广泛代表性，是相关学科专业的学术带头人和著名专家。

(3)严格执行同行评议，能以较公正的原则准确评价论文的学术质量。

(4)出版快捷，即审稿、编辑、印刷和发行周期短。

(5)被主要检索系统/数据库收录，具有较高的总被引频次。

(6)科研人员充分信任和认可所刊发的论文。

(7)具有稳定增长的高水平作者群，自由来稿数量大、学术水平高。

1.3　国际名刊要素

国际名刊要素包括：

(1)大量发表高水平论文，即所发表论文的研究成果新颖，方法和数据可靠。

(2)编委具有广泛代表性，是相关学科专业的学术带头人和著名专家。

(3)严格执行同行评议，能以较公正的原则准确评价论文的学术质量。

(4)出版快捷，即审稿、编辑、印刷和发行周期短。

(5)被主要检索系统/数据库收录，具有较高的总被引频次。

(6)科研人员充分信任和认可所刊发的论文。

(7)具有稳定增长的高水平作者群，自由来稿数量大、学术水平高。

1.4 期刊发展思路

为了促进期刊持续和快速发展，应明确发展思路：

(1)不断增强竞争意识，加大宣传组稿力度，扩大优质稿件来源。

(2)不断增强创新意识，提高期刊栏目设置的多样性与整体特色。

(3)不断增强服务意识，及时调查、了解广大读者的需求与变化。

(4)不断增强市场意识，及时研究、调整期刊报道的重点与方向。

(5)不断增强学习意识，努力提高编辑综合素质与学术捕捉能力。

(6)不断增加群体意识，不断提高期刊编辑之间协作精神。

1.5 国际期刊评价指标体系

目前，国际上评价期刊质量高低的指标体系主要包括 Web of Science 数据库、Scopus 数据库和 Google Scholar Metrics 数据库等(表 1)，三个评价体系各有特点，综合使用可对一种期刊或同类期刊作出合理、有效的评价。

表 1　三个主要国际期刊指标评价体系

WoS (Web of Science) 数据库	影响因子 (Impact Factor, IF)	某期刊在前 2 年发表的所有类型文献在统计当年的被引频次/该期刊前 2 年发表的可被引文献数
	IF5	将引文时间范围从 2 年延长到 5 年，是 5 年内某期刊发表论文的平均被引率
	ES (Eigenfactor Score)	ES 和 SJR 都是参考 PageRank 算法，以期刊为节点、以引用关系为链接的引文网络，通过期刊的引用关系评价期刊的影响力，但两者具体算法不同。ES 是计算某期刊 5 年内在引文网络中被引用的可能性

续表 1

Scopus 数据库	SJR(SCImago Journal Rank)	取决于某期刊 3 年内获得的声望，而这种声望来自期刊引文网络中其他期刊的声望
	h 指数	指某期刊发表的全部论文中最多有 h 篇论文至少被引用 h 次，它巧妙地将期刊的被引频次和载文量结合起来以反映期刊的影响力
	SNIP(Source Normalized Imapact per Paper)	指某期刊前 3 年中的每篇论文在统计当年的平均被引频次与该学科领域的“引文潜力”之间的比值，其中“引文潜力”是指一篇论文估计在指定的学科领域中达到的平均被引次数
	CS (Cite Score)	与正的计算公式类似，只是 CS 计算的是期刊连续 3 年发表的论文在第 4 年度的均引用次数，且将所有文献内容都视作可能被引用的内容，包括编辑评述、读者来信、更正信息和新闻等
GSM (Google Scholar Metrics) 数据库	h5 指数	基于 h 指数衍生出了 h5 指数和 h5 中位数。h5 指数是指期刊在过去 5 年中所发表论文的 h 指数
	h5 中位数	h5 中位数指期刊的 h5 指数所包含的所有论文获得的引用次数的中位值，即 h5 核心内文献的被引次数的中位数

2 学术论文评价

2.1 学术论文评价的发展历程

2.1.1 学术论文及其评价

学术论文通常包括研究思路、设计、目的、方法、内容、结果、讨论、参考文献、作者、机构、来源期刊等要素，是一个涉及诸多方面的综合性概念。它是科研成果的重要表现形式之一，其产出数量及学术质量是机构、学科、人才、项目、成果等评价的重要依据。

目前，以定量与定性分析相结合评估论文质量的评价方法已被广泛认可和采用，而量化评价论文学术质量的方法是科研绩效评估的热点，如何运用量化指标评价不同学科领域的论文学术影响力是科研绩效评价中的难点问题。从学术评价目的来看，论文评价的终极目标是发现对科学发展有重要学术价值的成果，即学术评价的目标是促进学术发展、规范学术研究、激励学术创新。

2.1.2 同行评议方法

学术论文的同行评议起源于科学共同体和科学期刊的诞生。1662 年和 1699 年皇家学会和巴黎皇家科学院成立，分别创办 *Philosophical Transactions*（《哲学汇刊》，1665 年）和 *Journal des Scavans*（《博学者杂志》，1665 年）两种内部期刊，逐渐取代过去通信交流实验报告和科学发现的方式。

1731 年，爱丁堡皇家学会创办 *Medical Essays and Observations*（《医学随笔和观测》）期刊，首次正式定义科学论文的同行评议流程。尽管学术论文的同行评议已有 200 多年历史，但当前形式的同行评议直到 19 世纪才形成，其标准于 1967 年才得以确立，被视为学术论文质量评价的“金标准”。

2.1.3 文献计量学方法

20 世纪 50 年代，引文分析的兴起直接催生了新的论文评价视角——文献计量学方法。1955 年，Garfield 开创了从引文角度研究文献的新领域，提出以被引频次评价论文影响力的思想。1963 年，在 Bernal 关于机器处理科学情报思想的启发下，Garfield 创办了科学引文索引（SCI），成为文献计量学发展史上具有划时代意义的科学成果。

1963 年，Garfield 和 Sher 提出期刊影响力评价指标——影响因子（Impact Factor，IF）。1972 年，Garfield 正式确立了影响因子的概念和计算方法。1975 年期刊引证报告（JCR）被创办，影响因子被正式确立为期刊文献计量学评价指标，并被广泛用于单篇学术论文的评价。

2.1.4 替代计量学方法

2010 年，Priem 发表 *Scientometrics 2.0：Toward new metrics of scholarly impact on the social Web* 和 *Altmetrics：A manifesto*，标志着评价论文社会影响力和短期影响力的替代计量学（Altmetrics）方法正式诞生。Altmetrics 一经提出立即引起学术评价领域学者的关注，其在单篇学术论文评价领域的应用和研究热度随之骤升，成为传统文献计量学和同行评议方法的有力补充。

Altmetrics 最常用的论文评价指标包括基于 Scopus 等数据库的引文指标、

基于下载和浏览次数的使用指标、基于网络链接的网络计量指标、基于分享和评论量的社交媒体指标、基于阅读量和保存量的文献管理指标等。

2.1.5　基于知识单元和引用单元的学术论文评价方法

随着人们对科学知识创造本质和创造过程的认识，有学者认识到对文献单元的评价其实是对其知识内容的评价，他们尝试利用自然语言处理和机器学习等技术探索学术论文中的创新点、新知识声明、亮点和重要贡献等，从而实现基于内容的学术论文评价。

Elsevier 数据库为在线论文提供了亮点(highlights)，并将其定义为“描述论文的核心发现，从而帮助用户快速了解论文的 3~5 个要点”，明确说明这些要点仅包含论文的核心结果。

2.1.6　基于学术影响力指数的学术论文评价方法

与仅仅关注“引用”不一样，冯长根教授认为，在前后发表的两篇相关的学术论文之间最重要的是学术成果的传承和传播，这也是发表学术论文的初衷。在此基础上，他领导的团队提出了反映学术论文影响力的第一指数 F_1 和第二指数 F_2。

第一指数 F_1 是指一篇学术论文在发表以后，如果得到了后续学术论文学术传承性的评价，那么作者的第一指数 F_1 就是 1。推而广之，这样的论文有几篇，F_1 值就是几。第二指数 F_2 考虑的是学术链的节点，根据作者在某条学术链上所处的位置，来确定其学术传承的情况。简单地说，某篇处于学术链上的论文作者后续节点数之和就是该论文作者的 F_2 值。第一指数 F_1 和第二指数 F_2 以学术传承和长期引用为基础，可以准确反映科研成果的学术影响力和学术价值，避免了“影响因子”以引用为唯一考虑的缺陷。

两个新指标的设计，是为了应用于科研院所、高等学校以及有关机构对学术论文水平的评价。目前，该课题组正在争取有关部门的持续支持，加快这两个新指标在科研机构和高等院校等的科研评估中的试点应用。从长远看，两个新指标的应用目标是全样本应用。使用这两个新指标将给科技界带来的变化是，学术论文作者会从追求“引用”转变为追求“学术价值”(即学术论文的真正创新和质量)。科技界会从追求“知名期刊”转变为追求“学术创新”，各种科技评价逐渐回归“同行认可价值体系”。

2.2 学术论文评价方法及其存在的问题

2.2.1 定性评价方法

传统同行评议的主要优势在于，同行专家能够针对论文内容，综合各方面因素，逐篇对论文质量作出综合性判断。Ware 研究发现，93%的学者认为同行评议在学术论文评价中是必要的。但由于易受个人和社会因素影响，同行评议一直处于争议中。然而，由于没有更合理的替代性方法，同行评议仍是判断论文学术贡献的最佳方式。因此，对于科研人员和科研管理者来说，同行评议最重要的问题不是考虑是否抛弃它，而是考虑如何完善它。

为减少论文评价的主观性和随意性，相关学者构建了定性评价指标体系，以确保评审过程和评价结果有据可循。尽管基于定性指标体系的同行评议法是传统同行评议法的一大进步，理论上为评审专家提供了一定的标准，但其评价实践仍依赖于评价主体的主观判断，缺乏可操作性。

定性评价存在的主要问题如下：

第一，同行评议是一种主观判断，这种主观判断容易受专家学术视野、学术喜好、知识结构等个人因素以及人情关系、竞争关系等社会因素的影响，从而影响评价结果的客观性和公正性。

第二，同行评议不仅花费大量经费，还花费专家们大量的时间和精力，但评价效率往往不尽如人意。

第三，同行评议没有统一的评价标准，尽管人们从不同角度构建了学术论文的定性评价标准，但目前尚没有哪一种标准被普遍接受而得到广泛应用。

2.2.2 定量评价方法

(1) 基于论文被引频次和期刊影响因子的论文评价方法。

论文被引频次和期刊影响因子是最常用的论文评价指标。Waltman 等学者通过对论文的专家同行评议结果与被引频次之间关系的实证分析，肯定了被引频次的论文评价功能。但由于引用过程中存在大量自引、伪引、漏引、互惠引等人为动机以及正面引用、中性引用、负面引用等情感差异，以被引频次评价论文一直处于争议中。Bornmann 等学者发现，被引频次评价论文质量存在一定误差，一些高被引论文并非高质量论文。同时，Seglen 等学者发现，期刊影响因子值与刊载的每篇论文的被引频次之间并无正相关关系。

(2) 基于引文网络的论文评价方法。

有学者受 Google 网页重要性识别算法和社会网络分析理论启发，将网络结构思想引入学术论文评价，提出了基于网络结构的引文评价方法。基于引文网络的评价方法一定程度上改变了简单以论文被引频次或期刊影响因子评价论文质量的实践，但该方法主要适用于高被引论文的评价。

(3) 基于社会影响力的论文评价方法。

Bornmann 等学者分别从理论和实证层面探讨了 Altmetrics 的论文评价功能，实证研究主要侧重于 Altmetrics 与传统文献计量学指标、同行评议结果之间的相关性分析，研究发现，Altmetrics 的确反映了论文的不同影响力，是传统引文评价指标的有力补充。但任何评价指标都绝非完美，Altmetrics 同样有其自身无法克服的局限性，如数据有效性、一致性和准确性难以验证。另外，Altmetrics 主要反映的是关注度和流行度，而非影响力。

(4) 定量评价方法存在的主要问题。

第一，不针对内容，基于表面，易人为操纵。首先，文献计量学方法主要根据学术论文的外在特征对其进行评价，无法从内容揭示被引文献对施引文献的价值。其次，外在的文献计量学指标容易被人为操纵，有时仅仅是一种表面现象。

第二，将相关关系视为因果关系。当前评价实践中，人们普遍接受“论文被引频次越高，其质量越好；期刊影响因子越高，发表的论文质量越好”，将论文被引频次、期刊影响因子等与论文质量之间的相关关系直接等价于因果关系。

第三，忽视引文差异，将被引频次等效处理。由于施引文献质量差异、施引作者引用动机和情感差异、被引文献对施引文献作用差异，每一次的引用实际上是不等效的，仅通过被引频次无法揭示被引文献对施引文献的真实价值。因此，简单使用被引频次等效评价论文影响力，明显不够科学和准确。

第四，以刊评文，忽略个体差异。期刊发表的论文被引频次往往呈非正态分布，即影响因子通常由少数高被引论文贡献，以整个期刊的平均值来衡量个体论文质量明显不恰当。

第五，各种修正指标仍依赖于被引频次和期刊影响因子。一方面，陷入以被引频次评价论文质量的循环怪圈；另一方面，新指标大多计算复杂，难以推广。

2.3 学术论文评价方法发展趋势

2.3.1 利用学术论文内容进行评价将逐步成为主流

基于外在引用指标分析方法与替代计量学方法使用各种外在指标对学术论文进行评价，但是，这些指标与具有意义的潜在创新主题的概念和语义属性是松散的或并不直接结合，其忽略了对大量真实文本数据整体内容的理解，不能完全体现学术论文的学术水平；基于网络分析方法可以识别可能产生科学变革的突发核心论文，但这些核心论文可能是综述、方法论和工具性论文，虽然这些高被引的核心学术论文对知识结构的变化影响较大，但并非就是潜在科学变革关键点。

因此，以上几种方法的各种计量指标最终测算的都只是与学术论文被引用关联的量或影响而不是与其知识内容关联的质。随着信息技术的发展，特别是自然语言处理、全文检索、文本挖掘等技术的发展，利用学术论文内容对学术论文进行评价必定是未来评价的主流。

2.3.2 定量评价与定性评价方法走向综合

对于学术论文的评价方法，以引文分析为基础的定量评价方法片面强调数量，其评价指标过于单一，评价过于绝对化和缺乏针对性；而以同行评议为主要内容的定性评价方法易受主观因素的影响，评价的公正性不足。目前，已有许多学者提出了各自的综合评价方法，将引文分析方法与同行评议相结合进行学术论文评价。可见，定量评价方法和同行评议本身并不是对立的，而是互为基础、相互联系的，同行评议能充分发挥专家的优势和特长，引文分析方法则给同行评议的主观判断提供客观的数据和参考。

因此，定量评价与定性评价方法将在各自最为适用的领域发挥自身优势，并相互弥补不足，走向综合。正如世界经合组织（OECD）与一些国家科学与政策的制定者达成的共识：未来的科学评价应有赖于计量与专家的智力组合。

2.3.3 替代计量学方法成为传统引文分析方法的有力补充

一方面，传统引文分析方法存在许多固有缺陷，如评价时滞过长、评价指标过于单一、影响力片面等；另一方面，当今社会在线科研正日益成为科学研究的主流形式，利用替代计量指标评价学术论文具有速度快、效率高、参与主体广泛等众多优势，在一定程度上可弥补传统引文分析方法的不足。

因此，随着在线科研活跃度的不断增加，替代计量学方法将成为传统引文分析方法的有力补充。通过引入替代计量指标，可更加准确、全面地评价学术论文，构建全方位的学术论文评价体系。

2.4　SCI 论文评价综合模型

2.4.1　SCI 论文主要评价指标

被引频次是指一篇论文被其他文献引用参考的文献篇数，是衡量研究成果被同行关注程度的重要指标，也是衡量论文学术质量的一个基本的指标，是一个绝对值，被看作是同行评议的投票。从科学研究的维度看，无论是正面引用、还是反面引用，都属于科学探索范畴，因为科学研究允许失败与成功并存，论文的被引用情况能够直接反映其影响力和质量。

被引频次的高低不仅取决于论文学术质量及其刊登期刊的影响力，也与其所属学科特点、学科结构、研究领域的学术生态圈和研究群体大小、学科交叉渗透程度、学科发展状况、论文公开发表时间长短、引用者的主观因素等均有直接关系。一般来说，研究主题紧贴研究领域的热点、难点问题，具有创新性、新颖性、前沿性且公开发表时间较早的论文，更有可能获得较高的被引频次。

影响因子是美国 SCI 创始人 E. Garfield 提出的一项期刊计量指标，其通用公式为：IF=(某刊前 2 年发表论文在统计当年被引用的总次数)/(某刊前 2 年发表论文总数)。有人也认为期刊 5 年影响因子更能反映期刊的学术质量及影响力，5-YIF=(某刊前 5 年发表论文在统计当年被引用的总次数)/(某刊前 5 年发表论文总数)。

期刊影响因子是反映论文学术质量的一个间接指标，是一个相对值。期刊影响因子的高低与其刊载论文的被引频次直接相关，其本质含义为在 2 年时域内某期刊刊载论文的平均被引率，反映了论文平均被引用情况，即反映了该期刊在近期(2 年)的学术活跃程度和受关注度。时间、论文数量和被引频次是决定期刊影响因子的三个因素，以平均被引频次表达论文的质量，以计算方法消除了期刊论文数量多少及办刊时间长短对论文被引频次的影响。因此，期刊影响因子在一定程度上反映了该期刊的整体质量水平及在科学研究中的影响力。

2.4.2　SCI 期刊分区

SCIE 期刊分区(journal zoning)，是根据 SCI 期刊 IF 值大小、总被引频次以及最近 2 年的期刊被引频次按大学科或小学科的排序，根据一定的百分比划分的学科内的期刊分区。无论什么学科领域，只要论文发表的刊物在同一分区，就可以认为这些论文的水平是相当的。虽然 SCIE 期刊分区不能够像 IF 那样对每种期刊进行细分，但也能较为客观地根据 IF 值对各学科期刊进行质量排序分类。SCIE 期刊分区为收录期刊及论文提供了一个较合理的评价标准，已受到学术界和管理界的认可，很多机构也开始提出以 SCI 期刊分区进行奖励的措施。

目前，国内外公认的 SCIE 期刊分区方法有两种，即 ISI 平台中的 JCR 分区方法(简称 JCR 分区)和中国科学院文献情报中心分区方法(简称 CSA 分区)，两种方法都是通过划分相同学科期刊等级来划分论文等级。

(1)JCR 分区及特点。在 ISI 平台的 JCR 中，每年编制公布的期刊引文报告，并以期刊 IF 值为主要依据进行分区。将 SCIE 中的约 8 000 种期刊，按 175 个学科、以期刊 IF 值大小按学科内排序分区，分为 Q1(前 0%~25%)、Q2(前 25%~ 50%)、Q3(前 50%~75%)和 Q4(前 75%~100%) 4 个区，可在 ISI 平台每年更新的 JCR 数据库查询。并且 JCR 数据库以论文所属学科(可能属于多个学科)，将论文划分于不同学科期刊的不同排名区，同一学科的期刊划分为 4 个分区，分别为 Q1、Q2、Q3 和 Q4，以学术影响力的先后排名，以 Q1 学术影响力最高，Q2、Q3 和 Q4 依次降低。JCR 分区有利于不同学科间的期刊及论文的横向比较和评价，弱化学科间结构不平衡等因素。JCR 分区给出每个学科内的期刊排名和分区，有利于不同期刊之间的平行比较。

(2)CSA 分区及特点。中国科学院文献情报中心的 SCIE 期刊分区，当年 ISI 平台公布的 JCR 的期刊引文报告期刊的影响因子、总被引频次以及最近 2 年的期刊被引频次 3 个评价指标为主要依据，将 JCR 中所有约 8 000 种被 SCIE 收录期刊，以地学、地学天文、工程技术、医学、化学、物理、环境科学、农林科学、生物、数学、社会科学、管理科学及综合性期刊 13 个学科大类和 175 个学科小类，将每个学科的全部期刊分为 1 区(前 5%)、2 区(前 5%~20%)、3 区(前 20%~50%) 和 4 区(后 50%) 4 个等级。1 区期刊为最高区，是该学科的顶级期刊，发表论文的质量较高，难度也最大；2 区期刊论文是高水平论文；3 区、4 区期刊论文次之。每年公布前一年的《JCR 期刊影响因子及分区情况》报告。

2.4.3　SCI 影响因子评价单篇论文学术质量的质疑

近年来，在 SCI 论文的科研绩效评价工作中，采用期刊影响因子(Impact Factor，IF) 和论文他引频次(Other Citations，OC) 对论文的学术质量进行界定较为普遍，而以期刊影响因子(IF) 作为单一的论文学术质量评价指标遭到质疑。

虽然 IF 和 OC 文献计量指标在论文学术质量评价中已被广泛采用，但这两个指标对同一研究领域内的论文评价具有可比性，若对不同学科论文进行评价，忽视了不同学科之间以及相同期刊不同论文之间的差异性，有缺乏科学性之嫌。仅以论文发表期刊 IF 值及 OC 值评价跨学科领域论文学术质量和影响力的科学性、公平性已为学术界和管理界所质疑。

虽然以期刊 IF 直接作为评价学术论文的质量指标具有一定的局限性，但基于论文作者、期刊审稿专家和同行评议专家对论文质量和水平的判断，高学术水平的论文更容易发表于高 IF 值的期刊上。在相同学科和时域范围内，以 IF 值比较期刊和论文质量，具有一定的可比性。

在实际操作中，往往面临不同学科领域、不同期刊的 SCI 论文评价。由于 SCI 不同学科间、同一学科内的期刊影响因子值差异很大，用单一指标很难进行不同学科间论文的比较和评价，而每个量化指标都有其局限性，都不是绝对完善的，具有一定的应用前提和适用范围，因此，正确认识和综合运用 SCI 计量指标对于提高科学评价和绩效管理水平具有重要意义。

2.4.4　SCI 学术论文评价综合模型

(1) 期刊影响因子、期刊分区和论文他引频次。

高期刊影响因子是由少部分的高被引论文作出突出的贡献，这部分优秀论文既要抵消负贡献的论文，又要保证期刊影响因子。因此，使用期刊影响因子来评价期刊中的单篇论文是不够客观和全面的。在评价单篇论文时，应综合考虑期刊影响因子与论文被引频次的关系，尽量消除少数高被引论文尤其是极值论文的影响，可考虑将绝对标准距离指标加入论文评价指标体系中，从而更科学合理地评价单篇学术论文的质量，同时对于科技期刊的评价也不应过于注重期刊影响因子。

鲁玉妙和鞠建伟提出以期刊影响因子、期刊分区和论文他引频次 3 个论文学术质量指标对论文学术质量进行评价。根据不同指标属性赋予每个评价指标一定的分值，并按照一定的方法进行归一化和无量纲化处理，分别给各指标的赋分为：期刊分区分值(SQ)、期刊影响因子分值(SIF)、论文他引频次分值(SOC)。

SQ 为所有期刊的 5 年期刊影响因子的均值与分区级差系数之积，可将其视为学科平衡指标，以弱化不同学科之间的不平衡。在其建立的评价体系中，假设 SCIE 所有学科的相同分区期刊的论文学术质量是相当的。期刊分区是一个在定量基础上划分的定性指标，可以根据期刊分区的划分级次差别给出具有相应级差的系数，并利用基准值平衡赋分得出相应期刊分区分值(SQ)。期刊所在分区越靠前，百分比越低，其学术影响力越高，赋分值越高。

SIF 采用论文发表年的期刊影响因子值，体现的是期刊在所有学科的相对受关注度，是指期刊论文平均质量水平，即期刊指标。

SOC 采用 Web of Science 数据库提供的论文他引频次，体现论文受他人关注程度，是论文的学术质量绝对衡量指标，即论文引文指标。由于往往是发表时间越早的论文越可能有越多被引频次，论文被引频次呈动态增长变化趋势，所以，在论文被引频次评价统计时必须给出同一时间限定条件，才具有可比性。

(2)综合评价模型。

评价模型的设计原则为：原理简明，容易理解；计算简便，易操作；方便审核和评价管理。评价模型以 SQ、SIF 和 SOC 这 3 个量化维度对论文的学术质量进行综合评价。对于某一论文的学术质量评价，综合运用以上 3 个质量指标的赋分，并考虑其重要性差异，设定不同的权重系数，以体现评价对象的质量量度的重要性，然后建立数学评价模型。

评价分值计算公式为：$S=0.3SQ+0.3SIF+0.4SOC$。

基于上述评价模型，如果一篇论文的 S 值越大，则显示该论文发表在学科内高质量期刊上，或是发表的期刊影响因子较高，或是论文有较多的他引频次。

3 SCI 论文与科技人才评价

3.1 科技人才及其评价机制

国与国之间的竞争，归根结底是科技的竞争，而科技的竞争实质上是人才的竞争。科技人才资源已成为最重要的战略资源，对一国经济发展具有强大的推动作用。科技人才是经济社会发展的重要推动力量，具有科学技术知识、创新意识和创造能力的科技人才已成为最为有价值的资本和核心资源，是经济增长的主要源泉和主体要素。

科技人才评价是科研管理工作的重要内容，是科技事业健康发展的保证，而选择科学合理的评价方法、对传统评价方法的创新则是科技人才评价的关键。人才评价机制的六大构成要素分别是评价主体、评价对象、评价标准、评价方法、评价程序和评价结果，但如今我国的评价体系严重简单化。

3.2　科技人才评价标准的不科学性

美国国家科学基金会的研究指出：引文分析法，包括对 SCI 的使用适合于评价科研机构或大量科学家的集体，而不适合于评价研究人员个人。在我国的科技人才评价中，则把 SCI 等文献计量指标作为重要的甚至唯一的评价标准。评价标准的选择失当，致使一些人盲目追求论文数量，弄虚作假，滋长了浮躁的学风和导致了急功近利的倾向，造成了科研目标的本末倒置。一般来说，我国物理、化学、生物学界的科技人才和材料学界部分科技人才比较看重 SCI，而偏于应用领域的科技人才则不赞成以评价论文“论英雄”。

一些单位在评价科技人员的业绩和水平时，单纯强调学术成果的数量，主张多多益善：成果发表得越多，越能受到赞赏和奖励。由于有些单位将发表 SCI 论文数量与个人奖励挂钩，于是就出现了一个人每年发表几十篇 SCI 论文的情况。发表高水平论文及其他高水平成果的数量确实能反映出一个人学术水平的高低，但明显超出合理区间的“多多益善”就是不正常的了。当然这个合理区间的确定要考虑不同学科领域的特点，进行具体分析。

3.3　期刊影响因子评价学术论文影响力的局限性

虽然高 IF 期刊与高质量期刊和高影响力论文呈正相关，但在利用 IF 进行论文质量评价时，不能简单地把期刊 IF 和具体某篇论文的影响力等同起来。统计表明，相同期刊的论文引用频次的分布是不对称的，不同程度地存在“8/2 现象”，即 80%的引用频次来自期刊 20% 的论文；并且期刊影响因子是动态变化的，所以要慎重看待和利用 IF 这一论文质量评价指标。

《JCR 期刊影响因子及分区情况》报告每年公布所收录期刊的影响因子，但也同时声明：用期刊 IF 值来评价学术影响力还存在一定的局限性，在实际应用时应该慎重，必须考虑期刊所属学科之间的差异性，期刊分区、文献类型的差别，注意去除自引频次等因素。

3.4 注重代表作质量，加强“小同行评议”

为了克服“学术成果越多越好”的评价导向，应该注重科技人员的代表作的质量，尤其是其原创性的程度，当然这需要比较严格的“小同行评议”，由本专业的权威专家给出客观公正的评价。科技人员代表作的数量应有一定限制，不超过本专业科技人员在全力推出学术精品的前提条件下所能达到的数量上限。对于原始创新、取得重大理论突破和获得重要实际应用的学术成果，应给予高度评价。

当然，对代表作的“小同行评议”也可能存在某些弊端，比如“小同行”更可能存在熟人之间的人情关系，更容易出现评审专家的主观偏向，甚至可能出现不同评审专家意见相左的情况。为此，需要“小同行”评审专家具体指出科技人员的代表作的理论价值和原创性究竟表现在哪些方面，在国内外学术前沿领域处于何种位置，并为自己的评价意见承担学术信誉保证的责任。

第二十讲

掌握我国新材料产业发展动态
助力新材料前沿论文选题

PPT

导读

新材料包括先进基础材料、关键战略材料、前沿新材料，作为科技强国建设的重要物质保障，是具有战略性、基础性和先导性的产业。新一代信息技术与新材料是制造业的两大“底盘技术”。信息技术与新材料深度融合，共同推动制造业向高端化发展。我国下一阶段新材料发展总体思路为：面向在世界材料强国行列中占有一席之地的战略目标，围绕保障国家安全、产业安全、科技安全的重大需求，着力破解核心系统、补强重大工程和应用系统中器件的核心问题。本讲阐述我国新材料产业发展现状和整体思路，重点介绍钛合金材料、稀土新材料、超高强度钢、高温合金、锂离子电池材料、增材制造金属材料和液态金属材料的研制和应用进展。

1 综述

1.1 新材料产业发展面临的形势

(1)新一轮科技革命和产业革命为关键材料的大发展提供了历史机遇。当前，国际正在经历一场更大范围、更深层次的新工业革命，信息技术、制造技术、能源技术、材料技术交叉融合、深度渗透、群体性突破、协同应用，新技术、新业态、新产业层出不穷；一批标志性通用技术(数字化制造、5G、大数据等)涌现并向各产业领域渗透。

(2)发达国家在关键材料领域加速布局，抢占发展先机。由于新材料的重要性，世界各国都不失时机地调整产业政策，加速布局材料前沿技术和颠覆性技术。例如，在第三代半导体领域，富士通、英飞凌、三菱等跨国公司都已初步完成产业布局，并陆续开发出新一代产品，在高速列车、智能电网、5G通信等领域实现了应用。

1.2 全球新材料产业发展现状及趋势

1.2.1 全球新材料产业发展现状

(1)全球各国新材料产业政策持续推出，纷纷抢占制高点。进入21世纪，世界各国特别是发达国家都高度重视新材料产业的发展，均制订了相应的新材料发展战略和研究计划。主要发达国家针对新材料重点领域，如高温合金、碳纤维及复合材料、新型显示材料、新型能源材料、第三代半导体材料、稀土新材料、石墨烯等，还出台了专项政策。

(2)产业规模不断扩大，地区差异日益明显。世界上新材料龙头企业主要集中在美国、欧洲和日本，拥有全球绝大部分大型跨国公司，在经济实力、核心技术、研发能力、市场占有率等方面占据绝对优势，形成全球市场的垄断。中国、韩国、俄罗斯紧随其后，属于第二梯队。其中，中国在半导体照明、稀土永磁、人工晶体材料领域具有较强竞争力。除巴西、印度等少数国家，大多数发展中国家的新材料产业比较落后。

(3)市场竞争日趋激烈，关键材料成为焦点。信息技术是当前世界经济复苏和推动未来产业革命的重要引擎。信息化的发展水平主要取决于光电信息功能材料，其主流仍然是半导体材料。另外，砷化镓、碳化硅和氮化镓等宽禁带半导体材料也将对光纤通信、互联网作出重要贡献。美国等发达国家在电子信息等关键材料领域占据主导地位。

(4)集约化、集群化发展，高端材料垄断加剧。随着全球经济一体化进程加快，集约化、集群化和高效化成为新材料产业发展的突出特点。国际新材料企业呈现集团化、寡头化、国际化发展趋势。例如，日本、德国的5家企业占据了80%以上的半导体硅材料国际市场销售额。

1.2.2　全球新材料产业发展趋势

(1)新技术与新材料交叉融合、加速创新。21世纪以来，全球新材料产业竞争格局发生重大调整，新材料、信息、能源、生物等学科间交叉融合不断深化。以材料基因工程为代表的一系列材料设计新方法的出现，不断突破现有思路、方法的局限，以高通量计算、高通量制备、高通量表征、数据库与大数据等技术为支撑，立足把握材料成分—原子排列—相—显微组织—材料性能—环境参数—使用寿命之间的关系，推动新材料的研发、设计、制造和应用模式发生重大变革，大幅度缩减新材料研发周期和研发成本，加速新材料的创新过程。

(2)绿色化、低碳化、智能化成为新材料发展的新趋势。以新能源为代表的新兴产业崛起将引起电力、IT、建筑业、汽车业、通信行业等多个产业的重大变革和深度裂变，拉动上游产业(如风机制造、光伏组件、多晶硅深加工等一系列加工制造业和资源加工业)的发展，促进智能电网、电动汽车等输送与终端产品的开发和发展，促进节能建筑和光伏发电建筑的发展。短流程、少污染、低能耗、绿色化生产制造，节约资源以及材料回收循环再利用，是新材料产业满足经济社会可持续发展的必然选择。

(3)新材料技术日益提升人类生活质量。伴随着新材料研究技术的不断发展，产生了诸多与人类生活水平提升息息相关的新兴产业。如氮化镓等化合物半导体材料的发展，催生了半导体照明技术；质子膜燃料电池已用于交通示范运行，促进了新能源汽车产业的发展；生物医用材料的应用显著降低了心脑血管、癌症等疾病和重大创伤的病死率。

1.3 我国新材料产业取得的成绩

改革开放以来，我国出台多项政策，在材料领域全面部署，对标发达国家奋起直追。经过40多年的不懈努力，我国在体系建设、产业规模、技术进步、集群效应等方面取得了较大进步，取得了举世瞩目的巨大成绩，为国民经济和国防建设作出了重要贡献。

(1)国家及地方高度重视，产业政策密集出台。近些年，国家高度重视新材料产业发展，相关部委陆续推出了一系列政策，如《增强制造业核心竞争力三年行动计划(2018—2020年)》《“十三五”先进制造技术领域科技创新专项规划》《“十三五”材料领域科技创新专项规划》《国家新材料生产应用示范平台建设方案》《国家新材料测试评价平台建设方案》《新材料标准领航行动计划(2018—2020年》》《重点新材料首批次应用示范指导目录(2018版)》，这些政策加强了对产业发展的统筹规划和顶层设计，引领了新材料产业快速健康发展。2010—2018年，国家出台了相关新材料产业相关政策。

(2)加强新材料产业发展顶层设计。2016年12月，国务院批准成立国家新材料产业发展领导小组。2017年2月，作为国家新材料产业发展领导小组的咨询机构，国家新材料产业发展专家咨询委员会成立。2017—2020年，中国工程院先后依托专家咨询委开展“新材料强国2035年战略研究”“新材料产业发展战略研究”“提升新材料产业基础能力战略研究”重大咨询项目研究，旨在对我国新材料产业发展进行顶层设计，为国家加快提升新材料自主创新能力和产业核心竞争力提供咨询建议。

(3)产业规模不断壮大，部分新材料重点领域产业规模进入世界前列。我国新材料产业市场规模快速扩张，从2011年的0.8万亿元增长到2020年的5万亿元。部分新材料重点领域产业规模已位居世界前列。例如，我国碳纤维产能和实际用量两项指标均跨入世界前三位，多种电子陶瓷产品的产量在世界居首位，我国新型显示材料产值全球第一。

(4)创新能力不断提升，一系列核心技术取得重大突破。新材料产业发展始终坚持“需求牵引、创新发展”的原则，我国新材料产业研发能力在不断积累中逐步增强，自主创新能力不断提升，新材料品种不断增加。一些涉及“受制于人”的重点、关键新材料，在制备、工艺流程，新产品开发及节能环保和资源综合利用等方面取得了重大突破。

(5)产业集聚效应明显，区域特色产业集群初步形成。京津冀、长三角、珠三角等沿海发达地区依托人才、市场优势，形成新材料研发与应用为主的新材料产业集群。

1.4　我国新材料产业发展存在的问题

(1)新材料对外依赖度高，产业基础能力薄弱。我国新材料对外依赖度高，产业基础能力薄弱。我国高端材料大量依赖进口，如虽然我国集成电路和显示产业规模居世界前列，但集成电路材料和显示材料70%以上尚需进口。部分关键原辅材料依赖国外进口，已成为制约我国新材料高性能化和高端元器件及零部件制造的重大瓶颈。

(2)引领发展能力不足，难以抢占战略制高点。目前，国际产业巨头不仅在多数高端领域占据垄断地位，还在不少前沿领域再次实现率先发展，未来我国可能处于更加不利的位置。

(3)投资分散，初创期融资能力弱，缺少统筹。我国部分新材料领域的产业结构不够合理，新材料产业的投资和支持只看到一些“点”，尚未形成以点带线、以线带面的联动效应。

(4)管理支撑体系不健全，未形成良好生态。我国虽然拥有众多的材料测试评价机构，但这些材料测试评价机构普遍规模较小，部分测试评价方法落后，高性能测试仪器设备未能完全自主掌握，长期依赖进口，部分高端仪器设备长期闲置，高水平测试评价人才不足，市场化服务能力弱。

1.5　发展思路

我国下一阶段新材料发展总体思路为：面向在世界材料强国行列中占有一席之地的战略目标，围绕保障国家安全、产业安全、科技安全的重大需求，着力破解核心系统、补强重大工程和应用系统中器件的核心问题。

我国新材料发展的主要目标：

(1)先进基础材料。到2035年，基础材料中高端产品占比达到50%，基础材料进入全球产业价值链的中高端，二氧化碳等温室气体排放减少20%，绿色制造达到国际一流水平，基础材料的设计、生产、服务全过程基本实现智能化。

(2)关键战略材料。国民经济和国防建设重点领域所需战略材料的制约问题全面解决，关键战略材料实现全面自主保障。

(3)前沿新材料。到2035年，前沿新材料领域拥有一批具有全球影响力的跨学科研究团队，形成一批具有国际领先水平的原创性研究成果。

我国新材料发展的重点任务：

(1)实施重点领域“短板材料产业化攻关行动”。推动“重点新材料研发及应用重大项目”启动。发挥举国体制优势，在新一代信息技术、国防军工等重点领域启动实施重点领域“短板材料产业化攻关行动”，集中突破一批关键短板材料。

(2)加强新材料成果转化能力。夯实新材料创新体系薄弱环节，补齐新材料创新链条中科技成果转化成功率低的短板，构建20个以上规模逐级放大的新材料中试中心，加快整合各地创新资源，在此基础上成立6家以上“国家新材料工程转化中心”。

(3)完善创新能力体系建设。建立起以企业为主体、以市场为导向、产学研用紧密结合的自主创新体系，加快新材料创新平台布局。在应用端继续推动国家新材料生产应用示范平台，在材料开发端布局部分关键材料领域和前沿材料领域创新平台，推动数字研发中心建设。

(4)推进新材料产业协同发展。加速推动新材料产业集聚区培育，支持建立产业集聚区培育平台，加强新材料产业链相关产业、科研机构、成果转化机构、高等院校、服务贸易机构、金融机构等各类业态与产业集聚区的融合协同，推动形成高效协同融合发展集聚区试点示范。

(5)开展新材料领军能力建设。针对我国具有优势或潜在优势的新材料品种，实施“新材料长项技术和产品提升专项行动”，支持重点企业面向国内外市场需求，巩固和强化竞争优势，形成一批国际知名品牌和新材料行业巨头，以期在国际竞争中形成战略反制能力。

(6)攻克一批新材料生产用核心装备及核心原辅料。实施“材料装备一体化行动”，组织新材料生产单位、装备研制单位、高等院校、科研机构等开展联合攻关，加快专业核心装备的研发和应用示范，解决新材料研发、生产、测试所需的核心设备、仪器、控制系统等不能自主生产，甚至高端装备面临国际禁运的问题。对新材料生产原辅料相关的国际、国内矿产资源和加工生产技术，实施“新材料专用原辅料保障行动”，提升保障能力。

2　先进新材料举例

新材料包括先进基础材料、关键战略材料、前沿新材料。先进基础材料是指先进碳水泥基材料、先进陶瓷材料、钛合金材料、高性能纤维材料、稀土新材料、高温合金、超高强度钢；关键战略材料是指高温合金、高效石油工业催化材料、高性能二维材料膜、锂离子电池材料、压电陶瓷和微波介质材料与元器件；前沿材料是指增材制造金属材料、智能仿生材料、液态金属材料、气凝胶材料等。

2.1　钛合金材料

2.1.1　钛合金材料产业发展的背景需求及战略意义

钛及钛合金具有密度小、高比强度、耐高温、耐低温、耐腐蚀、可焊、无磁、生物相容性好等综合优点，是三大轻金属(铝、镁、钛)中强度最高、耐热性最好、耐腐蚀最好的材料，被广泛应用于航空、航天、舰船、兵器、化工等领域。钛是航空、航天等高技术领域的支撑性关键材料，对国民经济建设、社会发展和国家安全有重大影响。钛产业水平是国家综合国力的体现。

2.1.2　钛合金材料产业的国际发展现状及趋势

目前世界上具有完备钛合金体系的国家仅有美国、俄罗斯、日本和中国 4 个国家。国外经历长期的发展，已经形成门类齐全、体系完整的钛合金产业，在每一个应用领域，都有 1~2 个可供选择的成熟主干钛合金。根据钛合金设计功能的不同，形成了高温钛合金、高强韧钛合金、耐腐蚀钛合金、低成本钛合金等体系。根据钛合金应用领域的不同，形成了航空航天用钛合金、舰船用钛合金、兵器用钛合金等体系。

在航空、航天领域，钛合金的应用已成为飞机先进性的标志，美国四代机 F-22 用钛量达到 41%。对于发动机用高温钛合金，英国发展得最为成熟，有完整的 IMI 体系，其 400~600 ℃系列钛合金 Ti-6A1-4V、Ti-6242S、IMI834 已普遍用于罗-罗公司等的系列航空发动机以及惠普公司的 PW350 发动机压气机盘及机匣，性能稳定可靠。在航天用低温钛合金领域，俄罗斯的研究居世界领先水平，其研制的系列 α 低温钛合金 OT4、OT4-1、BTS-1_{KTT} 等已在航天火箭技术装备中获得大量应用。在船用耐腐蚀钛合金方面，俄罗斯也处于世界领先水平。1968 年，苏联就建成了世界上第一艘钛合金多功能核动力潜艇(Papa)，是钛合金应用于大型海装结构的革命性一步。在钛合金加工领域，世界先进钛合金加工技术以美国的 Timet、ATL、RTI 和俄罗斯 VSMPO 等四大公司为代表。日本钛合金民用技术一直走在世界的前列，钛产品已遍及化工、石化、建筑、医疗(人体植入件、轮检)、交通(汽车、摩托车)、体育(高尔夫球杆、网球、渔具、钓鱼船等)、日用电子产品(照相机、手表、复印机、打字机、手机)、炊具(刀、叉、锅、铲)等各个领域。

2.1.3 钛产业发展概述

(1)产能。2018 年，我国海绵钛产能首次突破 10 万 t；2018 年后，海绵钛产能有了明显的增加，2019 年比 2018 年增长了 47.7%；2020 年比 2018 年增长了 65.4%，比 2015 年增长了 101.1%。这说明我国对海绵钛的需求大幅增加。钛锭的产能稳步增长，2020 年突破 20 万 t。2020 年产能比 2015 年增长了 47.4%，说明我国钛加工材料对钛锭的需求明显增加。

(2)产量。2020 年，我国共生产海绵钛 122 958 t，比 2019 年增长了 4.9%，实现连续 6 年增长。2020 年我国共生产钛锭 119 937 t，比 2019 年增长了 35.2%，比 2015 年增长了 100.8%，实现了连续 6 年增长。2020 年，我国共生产钛加工材 97 029 t，比 2019 年增长了 28.9%，比 2015 年增长了 99.5%，已连续 6 年增长。尽管如此，2020 年我国仍然进口了钛加工材 6 139 t，占产量的 6.3%。

(3)产业结构。2020 年，我国钛板材的产量比 2019 年增加了 47.5%，占当年钛材总产量的 79.4%，其中钛带卷的产量占一半以上。

(4)市场。销售量：2020 年，我国海绵钛的总销售量为 122 958 t，净出口为-4 175 t，国内销售量为 127 133 t，同比大幅增长 9.7%。2020 年，我国钛材的总销售量 93 596 t，净出口量为 9 107 t，国内销售量为 84 489 t，同比增长 50.7%。

2.1.4 钛合金材料研发和技术的提升

(1)开发的多种钛合金材料成功应用于我国重要工程，如我国创新研制的高强高韧损伤容限钛合金 TC21 和具有我国特色的中强高韧损伤容限钛合金 TC4-DT 已成功应用于我国新型战机等，成为我国航空领域的主干钛合金牌号。

(2)钛合金的熔炼技术得到提升。

(3)钛合金的锻造技术水平迈上了新台阶。

(4)钛合金板材制备技术得到提升。

(5)大口径钛及钛合金无缝管材及弯管制备技术得以提升。

(6)钛合金型材及深加工制品制备技术得到明显提升，成功制备的深潜器的载人球体，实现了国产化。

(7)钛合金材料低成本化制备技术受到高度重视。

2.1.5　主要的钛合金研制和应用进展

(1)结合国家海洋战略，创新研制海洋环境应用的钛合金受到高度重视，在国家相关项目的支持下，西北有色金属研究院、中国船舶重工集团下属材料研究所等单位已成功研制出强度 800 MPa、900 MPa 和 1 100 MP 级的钛合金。

(2)在航空发动机用高温钛合金方面，由中国科学院金属研究所研制的 Ti-60 合金已在我国新型航空发动机中进行应用考核，进入工程化阶段。

(3)在航空、航天用高强韧钛合金方面，主要研制了 3 类合金：超高强韧钛合金、超高强中韧和高强损伤容限钛合金。

(4)在兵器领域，围绕高性能和低成本问题，在 Ti-12LC、Ti-8LC 和 Ti-0.8A1-1.2Fe 等低成本钛合金的基础上，西部超导材料科技股份公司依托“装发预研”项目，开发出 M36 合金，已经用于多功能战斗部的制备。

(5)设计开发出可冷轧中高强钛合金，其中大规格管材已用于某种弹壳体。

(6)创新性研制的钛合金已完成性能优化、工程化和批量化生产。

(7)深化了钛合金的应用基础研究。

2.1.6　发展我国钛合金材料产业存在的主要问题及主要任务

(1)主要问题：2015—2020 年，我国钛行业存在同质化、中低端钛产品产能过剩，行业推广应用有待加强，以及钛合金产品的稳定性与国外还有很大的差距等问题，在航空航天、舰船、核电等重要应用领域还存在需要突破的瓶颈。

(2)主要任务：①提升原材料冶金的技术水平，稳定钛原料的质量，满足高端市场的需求；②强化原创性研究和钛加工材工艺—组织—性能关系研究；③强化钛合金材料的工程化研究，提升钛合金材料的成熟度；④在国家相关部门的统一规划下，使钛合金产业能够有序发展；⑤大力发展钛合金材料的低成本制备技术；⑥强化钛合金材料的“政产学研用”有机结合，推动科技成果快速转化。

2.2 稀土新材料

2.2.1 稀土新材料产业发展的背景需求及战略意义

(1)中国稀土资源概述。稀土(RE)一共包括17种元素,其中镧、铈、镨、钕、钷、钐、铕被称为“轻稀土”元素,钆、铽、镝、钬、铒、铥、镱、镥以及钪和钇被称为“重稀土”元素。中国稀土矿产资源种类齐全,不仅有大量岩矿型轻稀土矿,也有丰富的离子型重稀土矿。2020年,全球稀土储量和产量分别为1.2亿t和24万t,其中中国占比38%和58%;中国稀土及其制品出口量为7.82万t,出口金额为21.67亿美元(主要出口日本和美国),其中稀土金属和合金产品占全球市场份额80%以上。

(2)稀土新材料及相关产业。作为“工业维生素”,稀土不仅在冶金、石油化工、玻璃陶瓷等传统领域应用广泛,更在永磁材料、抛光材料、储氢材料、催化材料等领域占据核心或重要地位。目前,各类稀土新材料已在高档数控机床、机器人、航空航天装备、海洋工程装备及高技术船舶、节能与新能源汽车等《中国制造2025》涉及的重点高科技领域中起到关键作用。

(3)稀土新材料产业的战略意义。以稀土功能材料为代表的稀土新材料已成为全球竞争的焦点之一。近年来,全球新能源汽车即将进入智能化主导、多种能源和驱动方式并行的“2.0时代”,大幅度拉动了稀土作为磁性材料、储氢材料的消费;5G时代智能手机、物联网摄像头等电子设备的更新换代则推动了稀土在光功能材料、抛光材料等领域的消费。中国已将稀土列为国家重点管控和发展的战略资源,并在《中国制造2025》等国家中长期发展规划中将稀土功能材料列为关键战略材料予以重点发展。

2.2.2 稀土新材料产业的国际发展现状及趋势

(1)稀土磁性材料。稀土磁性材料在应用领域具有不可替代性,其中的稀土永磁材料、稀土超磁致伸缩材料和稀土磁制冷材料等稀土磁性材料已发展成为稀土行业的核心产业,带动整个稀土产业的持续发展。稀土超磁致伸缩材料最初应用于美军海军声呐系统,迄今已有1 000多种相关器件问世,在军民两方面均有广泛应用。

(2)稀土催化材料。目前,稀土催化材料主要的两个应用领域为石油化工(尤其是石油裂化)和大气污染物(尤其是汽车尾气)净化。截至2019年12月,全球共有 61 808 项关于稀土催化材料的专利申请，共涉及 85 个国家和地区。可见，稀土催化材料的研发与应用涉及地域广泛，属于全球热点技术之一。

(3) 稀土光功能材料。中国是稀土光功能材料的生产和消费大国，稀土光功能材料产量占全球总产量 80%以上。国内稀土光功能材料的快速发展带动下游产业的迅猛发展，以半导体照明(白光 LED 光源)为例，2019 年行业总产值 7 548 亿元，在通用照明领域市场渗透率超过 50%，在显示领域渗透率超过 90%。硅酸钇镥(LYSO)、$LaBr_3$：Ce 等稀土光功能晶体制备技术相继取得突破，其中 LYSO 晶体产能 2019 年已达 15 t。

(4) 稀土储氢材料。储氢材料是可以在一定温度和压力下与氢气发生反应，并且能可逆吸放氢气的一种材料。稀土储氢材料主要以 Ni 和稀土金属为生产原料，通过真空感应熔炼炉进行规模化生产，使用的生产原料中 1/3 为轻稀土金属。目前，中国已有多条自主知识产权稀土系储氢材料生产线，国内总产能在 2 万 t/年左右。

(5) 稀土抛光材料。抛光材料主要用于对物体表面的处理，如对玻璃工件表面进行抛光使其更加光滑细润。工业上使用的稀土抛光材料主要是氧化铈和镧铈复合氧化物，由于其优异的抛光效果，在相关领域有“抛光粉之王”之称。2020 年中国稀土抛光粉总用量约为 3 万 t，其中手机盖板领域用量占 80%以上。

(6) 高纯稀土金属。2020 年，全国稀土金属需求量已经超过 10 万 t。稀土金属的纯度是影响稀土功能材料性能的重要因素，比如蒸发溅射靶材必须使用 4N 以上的高纯稀土金属。目前高纯稀土金属及其化合物正广泛应用于光电显示材料、超磁致伸缩材料等领域。

2.3　超高强度钢

2.3.1　超高强度钢产业发展的背景需求及战略意义

超高强度钢(含超高强度不锈钢)是为了适应航空、航天技术的需要而逐渐发展起来的一种高比强度的结构材料，一般将屈服强度超过 1 380 MPa 的结构钢称为超高强度钢，其在航空航天、能源、船舶海洋、国防军工等领域扮演着越来越重要的角色。当今世界上 95%以上的飞机起落架都是采用超高强度钢制造。目前国内外 90%以上起落架材料采用 300M 钢，但是我国 300M 钢的制造以及新一代高性能起落架材料研究方面仍大幅度落后于国际先进水平。

典型的超高强度钢包括：

(1)低合金超高强度钢，其典型钢种有AISI4340、300M、30CrMnSiNi2A、40CrMnSiMoVA等。

(2)马氏体时效超高强度钢，典型的钢种包括18Ni系列的18Ni(250)、18Ni(300)以及无钴的T-250和T-300。

(3)二次硬化型超高强度钢，其典型钢种有H11、9Ni-4Co、9Ni-5Co、HY180、AF1410、AerMet100、AerMet310及新近Questek开发的高耐腐蚀性二次硬化型超高强度钢S53等。

(4)超高强度不锈钢，其典型的钢种有美国的17-4PH、AM355、AFC-77、PH13-8Mo、Custom系列钢等，而欧洲国家在近10年以来也开发了MLX17、MLX19两种超高强度不锈钢。

2.3.2 超高强度钢产业的国内发展现状

(1)机体用超高强度钢。钢铁研究总院30多年来在军用起落架双真空300M钢的研制基础上不断突破，成功研制出民机用单真空冶炼工艺超大尺寸300M钢，支撑了C919大飞机“中国制造”。300M钢是我国C919大型客机起落架主体材料，其国产化是C919“中国制造”的重要标志。

(2)发动机用超高强度钢。国内航空发动机，尤其是大涵道比涡扇发动机的发展相对发达国家而言一直处于落后状态，技术基础薄弱，大量关键材料和制造技术尚未突破和掌握，加之西方科技发达国家通过各种形式进行技术封锁，这需要我国大力开展航空发动机轴材料的研制工作。

(3)传动系统用超高强度钢。我国改革开放前通常用于制造航空发动机齿轮的渗碳高强度钢有12CrNi3A、12C2Ni4A、14CrMn-Si1Ni2MoA、18Cr2Ni4WA、20CNi3A。在引进国外机型后，国产化研制的渗碳齿轮钢有16Ni3CrMoE(仿法国牌号E16NCD13)，16C：3NiWMoVNbE(仿俄罗斯牌号16X3HBOMI，代号为1-391)，16CrNi4MoA(仿英国牌号S/ZNC)，18CrNi4A(仿意大利牌号1ENC16)；渗氮钢牌号有30Cr3MoA(仿法国牌号30CD12)。

2.3.3 发展我国超高强度钢产业存在的主要问题

发展我国超高强度钢产业存在的主要问题为：①高端超高强度钢比例低，部分高端产品不能满足国内需求；②超高强度钢生产整体技术水平亟待提高；③超高强度钢生产的高资源和高能源消耗状况亟待改善。目前制约我国超高强度钢产业发展的主要因素是重大工程对新材料的应用技术偏弱、新材料研发创新的内动力或驱动力不足等。

2.4　高温合金

2.4.1　高温合金概述

(1) 成分及性能特点。高温合金是以铁、镍、钴元素为基，能在600 ℃以上的高温及一定应力作用下长期工作的一类金属结构材料。为了满足苛刻而复杂的性能要求，高温合金中通常加入 Cr、Co、W、Mo、Al、Ti、Nb、Ta、RE、Hf、C、B、Y 等 10 余种合金元素，在提供优异的高温力学性能以及抗高温氧化、腐蚀性能的同时，还要确保具有良好的组织稳定性以供长期使用。

(2) 高温合金在航空发动机中的应用。基于高温合金具有优异的高温长时稳定的力学性能和表面化学稳定性，先进的航空发动机中高温合金材料的用量所占比例已超过 50%，可以说没有高温合金就不可能有高速、高效率、安全可靠的现代航空业。

(3) 高温合金在航天推进系统中的应用。火箭运载能力的大小决定着一个国家空间应用水平的高低。在火箭、导弹等航天器的动力装置中，如液氢液氧发动机、液氧煤油发动机以及燃气涡轮发动机等，高温合金是燃气发生器、涡轮转子、涡轮导向器等关键热端部件的主干材料，其性能水平往往直接决定了航天动力推进系统及飞行器本身的性能。

(4) 高温合金在燃气轮机中的应用。燃气轮机涡轮叶片长时间连续工作在高温、易腐蚀和复杂应力下，与航空发动机涡轮叶片相比，对耐久性、抗腐蚀性要求更高，尺寸也更大，要求开发组织化学稳定性更高的定向/单晶高温合金及大尺寸叶片定向凝固技术。

(5) 高温合金在其他高端装备中的应用。除了航空、航天发动机及燃气轮机外，高温合金在核能、火电、油气开采、石化等重要工业领域也有广泛用途。具体包括核电站蒸汽管、转子，超临界火电机组蒸汽管、涡轮叶片，油气开采井下承力件、阀体，以及汽车、坦克涡轮转子等。

2.4.2　高温合金产业的国际发展趋势

总体来看，国际上燃气轮机涡轮动力(包括航空、航天发动机，舰船和地面燃气轮机)用高温合金向着耐高温、耐腐蚀、高纯净、高可靠性、低成本等方向发展。应在不断研制新型高温合金材料的同时，注重已有合金的改进，同时开发先进的制备与检测技术，在降低成本的同时确保材料的量产稳定性和应用可靠性。

2.4.3 高温合金产业的国内发展现状

改革开放以来，在国家大推力涡扇发动机、高功重比涡轴发动机、先进火箭及弹用发动机、舰船动力燃气轮机化及兵器动力高增压化等需求牵引下，国内高温合金得到了较为全面的发展。尤其从 20 世纪 90 年代中至今，是我国高温合金的新发展阶段，随着航空发动机推重比从 3 提高到 10 以上，涡轮前进口温度也从 1 160 K 提高到 1 950~2 150 K。同时，国内还开发了一系列具有特殊性能的变形高温合金，如低膨胀系数高温合金 GH2907、GH2909，具有高强度和低膨胀系数相结合的独特性能，在大推力涡扇发动机上得到批量应用。

2.4.4 发展我国高温合金产业存在的主要问题

虽然高温合金材料与生产技术在我国已发展了 60 余年，但产业发展仍处于成长期，科研、生产能力与需求相比主要存在三个方面的问题：

(1) 高端新产品难以满足应用需求，高代次高温合金工程化应用水平与美国、俄罗斯等国仍有差距，我国研制更高性能的航空、航天发动机尚存在材料短板。

(2) 高温合金产品质量稳定性、性能一致性以及性价比仍有待提高，生产工艺技术细节需全面完善，“一材多用”格局和主干材料体系建设尚需进一步推进。

(3) 生产能力不足，我国高温合金生产企业技改建设尚未到位，生产能力与需求之间存在一定缺口，特定用户仍倾向于选择国际市场流通的大宗高温合金产品。

2.5 锂离子电池材料

2.5.1 锂离子电池材料产业的国际发展现状

(1) 正极材料。正极材料是锂离子电池最为关键的原材料，是电池的能量密度和安全性能的主要决定因素，同时也是锂离子电池成本占比最高的材料，对于锂离子电池生产发展具有重要影响。目前已经规模化生产的正极材料主要包括高电压钴酸锂、橄榄石结构磷酸铁锂、层状结构镍钴锰三元材料（含镍钴铝）及尖晶石结构锰酸锂等，其中钴酸锂主要用于移动电子终端产品中的小电池。国外动力电池企业的产品主要为镍钴锰、镍钴铝正极材料；中国汽动力电池企业的产品中，三元材料和磷酸铁锂材料共存。正极材料向高比容量和低成本两个方向发展，材料体系仍是层状、橄榄石、尖晶石结构材料多元化齐头并进。低钴或无钴层状材料技术、三元材料单晶化技术、磷酸铁锂高密度和低成本生产技术、高压尖晶石镍锰酸锂材料技术、富锂锰基材料技术，以及电解液匹配技术支撑高能量密度和低成本动力电池的技术发展，满足从高端到经济性新能源汽车的需求。

(2)负极材料。负极材料在锂离子电池中主要作为储锂主体，在充放电过程中实现锂离子嵌入和脱出，与电池寿命和充电性能密切相关。负极材料通常分为碳材料和非碳材料两大类。碳材料主要包括人造石墨、天然石墨、复合石墨、中间相碳微球、硬炭和软炭等；非碳材料包括钛基材料、锡基材料、硅基材料以及氮化物材料等。负极材料目前以碳材料为主，人造石墨占比最大且增加迅速，加入高比容量硅基材料的人造石墨已开始在少部分电池中应用。从负极产品结构来看，2020 年人造石墨产品占比进一步提升，市场占比达到 84%。

(3)隔膜材料。隔膜的主要作用是使电池正、负极分隔开来，防止正、负极接触而短路，同时能够允许离子通过，从而完成在充、放电过程中锂离子在正、负极之间的快速传输。隔膜性能的优劣直接影响着电池内阻、放电容量、循环使用寿命以及电池安全性能的好坏。目前，锂离子电池隔膜依旧以聚烯烃基膜为主，材质为聚丙烯和聚乙烯。

(4)电解液。电解液性能直接影响锂离子电池比容量、工作温度范围、循环效率、安全性等性能。目前电解液以碳酸酯类溶剂、六氟磷酸锂电解质盐为主，新型耐高压类溶剂和双氟磺酰亚胺锂盐(LiFSI)类锂盐是重点发展方向。中国电解液企业基于碳酸酯类混合溶剂、六氟磷酸锂电解质盐，开发了多款功能型添加剂，优化组合出与动力电池相适应的不同电解液体系，匹配不同材料体系的动力电池。

2.5.2　锂离子电池材料研发技术现状和发展趋势

(1)正极材料。鉴于动力电池需要持续提高安全性和能量密度，磷酸铁锂和镍钴锰三元材料在今后一段时间内仍是动力电池的主要材料选择，磷酸铁锂比容量已近极限，但密度会进一步提高，三元材料镍含量提升并以单晶化为趋势，走向低钴/无钴多元材料，尖晶石镍锰酸锂正极材料因其高电压和低成本，富锂氧化物固溶体材料因其具有较高的比容量和较宽的电化学窗口，也成为开发热点。高电压尖晶石镍锰酸锂和高电压高比容量的富锂锰基材料目前处于研发和产业化前期阶段。

(2) 负极材料。目前商业化应用最广泛的负极材料依旧是石墨类材料(天然石墨、人造石墨、中间相碳微球)，其他已规模化生产的负极材料各具特色。无定型碳材料(硬碳和软碳)倍率性能好，硅基材料比容量高，钛酸锂材料高低温性能、循环性能优异。金属锂也将成为研究的重点，应用于包含固态在内的电池体系中。无定型碳材料具有较长的寿命和良好的循环性能，下一步发展趋势是高比容量材料的实用化，同时需要提升首次库仑效率和降低成本，预计 2025 年无定型碳材料比容量大于 350 mA·h/g，2030 年大于 400 mA·h/g，2035 年大于 500 mA·h/g。当前，应用于动力电池领域的硅基负极材料，主流的选择是硅氧材料。预计 2025 年硅碳材料比容量大于 800 mA·h/g，2030 年大于 1 200 mA·h/g，2035 年大于 1 500 mA·h/g。

(3) 隔膜材料。隔膜对提高电池的综合性能具有十分重要的作用，隔膜越薄、孔隙率越高，电池的内阻越小，高倍率放电性能就越好，聚烯烃基膜超薄化技术进一步完善，再通过复合表面处理隔膜，安全使用温度逐步提升。隔膜的安全使用温度预计 2025 年超过 200 ℃，2030 年超过 250 ℃，2035 年超过 300 ℃。热稳定性高、机械强度高、薄型化的隔膜材料，材质为芳纶、聚对苯二甲酸乙二酯(PET)、聚偏二氟乙烯(PVDF)和聚酰亚胺(PI)是重点发展方向。

2.6 增材制造金属材料

2.6.1 增材制造金属材料产业发展的背景需求及战略意义

(1) 金属增材制造概述。增材制造(additive manufacturing，AM)技术通过计算机辅助技术将零件的三维模型进行切片分层，离散为一层一层的二维截面数据，采用高能热源(如激光、电子束、电弧等)将离散材料(粉末、丝材等)逐层熔融堆积形成三维物体。增材制造与信息技术、新材料技术、新设计理念的深度融合，将给传统制造业带来变革性影响，被誉为催生第四次工业革命、决定未来经济发展的 12 项颠覆性技术之一。经过近 40 年的发展，增材制造技术面向航空航天、轨道交通、新能源、新材料、医疗等战略性新兴产业领域已经展示了重大的价值和广阔应用前景。目前，增材制造已经从最初的原型制造逐渐发展为直接制造、批量制造，成为工业领域的主流制造手段之一。金属增材制造是目前发展最快、应用前景最好的增材制造技术方向。相比传统制造模式，金属增材制造除了具备无模、数字、柔性的特点外，还具有材料总体利用率高、响应速度快等优势，甚至能够完成传统工艺无法实现的高复杂度、高精密度金属零部件的直接制造。

根据所采用能量源和成形材料的不同，典型的金属增材制造技术包括选区激光烧结、激光选区熔化、电子束选区熔化、激光立体成形、电子束熔丝沉积成形和电弧增材制造等技术。相较于传统制造技术，增材制造技术既可以实现材料的一次整体成形，又能够实现不同材料的一体化成形，还能够实现某些特殊复杂结构的自由制造。金属增材制造的核心优势主要表现在对复杂零部件的结构重塑和工艺再造方面。

增材制造技术已在金属领域实现众多实际应用，并证明了其显著优势。例如美国通用电气公司(GE)使用增材制造技术批量生产 LEAP 系列航空发动机的燃油喷嘴，原本需要 20 个金属零件组装完成，采用增材制造技术后集成为 1 个零件，其力学性能接近锻造材料，使燃油喷射系统寿命提高将近 5 倍，重量减轻 25%，成本效益提升 30%，库存降低 95%。

(2)增材制造金属材料概况。增材制造金属材料主要分金属粉末和金属丝材两类，其中金属粉末的占比在 90%以上。当前全球主流的增材制造金属粉末制备方法包括气雾化法、等离子旋转电极法、等离子雾化法及等离子球化法等，其中气雾化法又细分为有坩埚的真空感应气雾化和无坩埚的电极感应熔融气雾化。电子束熔丝沉积增材制造、电弧增材制造技术通常以金属丝材作为原材料。我国高品质球形粉末技术产业基础薄弱，细粒径球形粉末大量依赖进口，而其价格又非常昂贵。

(3)增材制造金属材料对国家发展战略及经济和国防建设的重要意义。增材制造从原理上突破了复杂异形金属构件的技术瓶颈，实现了金属材料微观组织与宏观结构的协同控制，从根本上改变了传统“制造引导设计、制造性优先设计、经验设计”的设计理念，真正意义上实现了“设计引导制造、功能性优先设计、拓扑优化设计”转变，为全产业技术创新、军民深度融合、新兴产业、国防事业的兴起与发展开辟了巨大空间。

2.6.2 增材制造金属材料产业的国际发展现状及趋势

根据全球增材制造文献、专利以及装机量统计数据，全球增材制造产业已基本形成了以美国、欧洲等发达国家和地区主导，亚洲国家和地区后起追赶的发展态势。全球增材制造产业自 2011 年起连续多年保持快速增长，2020 年产值达到 127.58 亿美元。增材制造金属材料行业产值规模不断增长，据统计，其近 10 年保持 30%~40%的增速，2020 年全球增材制造金属粉末市场规模达到了 3.83 亿美元，保守估计 2026 年将达到 18 亿美元。

2.6.3 增材制造金属材料产业的国内发展现状

(1)增材制造金属材料国内产业发展现状。根据中国增材制造产业联盟统计，2013—2019 年，我国增材制造产业规模保持了 40%以上的增长速度。2012 年产业规模仅为 1.6 亿美元，2019 年达到 140.4 亿美元，其中，装备产业规模占比 45%，应用服务产业规模占比 29%，增材制造材料产业规模占比 26%。到 2025 年，我国增材制造市场规模将超过 635 亿元，2021—2025 年复合年均增速 20%以上。

当前，增材制造的金属材料材质主要有钛及钛合金、铁基合金、镍基合金、铝合金、钴基合金等，其中钛合金占比 27.6%、不锈钢占比 26.6%、时效钢占比 20.7%、镍基高温合金占比 13.8%、铝合金占比 3.4%。

(2)国内工程化产业布局与平台建设。我国增材制造产业已初步形成了环渤海地区、长三角地区、珠三角地区、中西部地区等多个聚集区。环渤海地区是我国增材制造人才培养中心、技术研发中心和成果转化基地。为进一步推动我国增材制造技术产业化进程，国家及各省(区、市)积极推动各类增材制造创新平台建设。

(3)市场需求与应用前景。航空航天、汽车工业、医疗/齿科三大领域是增材制造重点应用领域。金属增材制造技术在航空、航天领域主要应用于铸造模具设计、功能性零部件制造、重要构件修复，应用价值主要体现在轻量化、一体化结构、拓扑优化、避免大余量切除、空间增材制造等方面。应用于航空、航天的增材制造金属材料主要包括钛合金、铝合金、铜合金、镍基高温合金、钛铝金属间化合物等。

增材制造技术在汽车领域中的应用主要包括汽车零部件打印、汽车个性化定制和电池电极打印三个方面。在医疗行业，金属增材制造快速响应、个性化定制的特点，迎合了精准医疗的需求，主要应用在牙齿、骨植入物等领域，涉及的金属材料包括不锈钢、TC4、CoCrMo 合金、金属 Ta、锆铌合金等。

2.6.4　发展我国增材制造金属材料产业存在的主要问题

与国际先进水平相比，我国金属增材制造材料产业目前存在的短板，主要为以下四个方面：①材料基础研究薄弱，原始创新不足；②产业化程度较低，自主化保障能力不足；③知识产权保护和标准化体系建设滞后，产业规范化程度较低；④专业人才短缺。

2.7　液态金属材料

2.7.1　液态金属产业发展的背景需求及战略意义

液态金属是指常温或工作温度下呈液体状态的金属或合金，具有优异的导电和导热特性，在目前已知液体材料中具有最高的电导率和热导率。与其他金属材料相比，液态金属具有流动性好、液态温区宽、表面张力大、易被改性等显著特征，同时还具备其他固体金属材料所不具备的低熔点特性，熔融状态下的塑形能力使其能够更方便地打造不同形态的产品。我国在液态金属材料及应用技术方面居国际领先水平。

2.7.2　液态金属材料的国际发展现状

以往液态金属的应用主要包括汞及钠钾合金等，其中汞主要应用于冶金、温度计、压力计、汞灯、电开关以及化学药物等，由于其对环境的影响及对人体的毒害作用，目前国际上汞的禁用或限制使用是一个大趋势，而钠钾合金化学性质极其活泼，属于高度危险品，过去主要应用于核反应堆的冷却与二次传热。

从国际上来看，较早进入液态金属产业的有美国 Nanocoolers 公司，它成立于 2004 年，在初期融资阶段曾获得超过 2 000 万美元的投资，用于开展液态金属芯片散热技术研究，并于 2005 年联合蓝宝石厂商发布了用于显卡芯片散热的液态金属散热器。

2.7.3　液态金属材料产业的未来发展趋势

作为面向未来的颠覆性材料，液态金属将有望带动新一代信息技术、新能源、高端装备制造等领域快速发展：①液态金属印刷电子产业；②液态金属混合柔性电子产业；③液态金属 3D 打印产业；④液态金属医疗技术产业；⑤液态金属柔性智能机器人产业。

2.7.4 全球液态金属材料专利申请趋势

将液态金属材料相关专利按照申请年份进行统计，液态金属材料 2000 年以前发展缓慢，2000 年之后进入快速发展期，近 20 年专利申请量年均增长率达到 22.2%，而且在 2018 年专利申请量最多，达到 1 001 项。截至 2019 年 3 月底，共标引了 2 969 项中国专利，由专利申请趋势可以看出，中国新材料液态金属在 2005 年之后进入发展黄金期，近 15 年专利申请量年均增长率为 29.3%。

2.7.5 液态金属材料产业的国内发展现状

作为国际室温液态金属研究与应用的先行者和拓荒者，中国科学院理化技术研究所刘静研究团队自 2000 年来一直在液态金属研究领域不断积累和前行。除在先进芯片冷却、能源领域取得原创性创新突破，还在先进制造、生命健康以及柔性智能机器领域开辟出了一系列有显著科学意义和重大应用前景的全新领域。在液态金属领域渐成国际热门领域的起始阶段，中国团队已出版英文著作 3 部、中文著作 6 部，构建了液态金属物质科学与技术体系；申请 600 余项发明专利，为我国有关重大前沿产业的发展奠定了基础；在取得大量底层核心突破的同时，他们还有 40 余项全新的基础科学发现，在国际上产生了广泛的影响。

经多年探索，2011 年 3 月，中国科学院理化技术研究所团队发表的研究工作首次系统论述了所提出的基于液态金属的电子直写技术，逐步创建了液态金属印刷电子技术及基于液态金属的 3D 打印技术，研发出世界上第一台液态金属桌面电子电路打印机和可在任意基质上打印的液态金属喷墨打印机。

2.7.6 发展我国液态金属产业的主要任务及存在的主要问题

发展我国液态金属新材料产业的主要任务：①液态金属天线技术及产业化应用；②液态金属热界面材料产业化应用；③液态金属电缆连接技术及产业化应用；④液态金属旋转电连接技术及产业化应用；⑤液态金属充电桩技术及产业化应用；⑥液态金属散热技术及产业化应用；⑦液态金属印刷电子技术及产业化应用；⑧液态金属可变形机器人技术及产业化应用。

我国液态金属产业发展存在的主要问题：①液态金属产业属于战略性新兴产业的功能定位尚不明确，国家对于这一战略领域的重视程度仍然不够，研发投入严重不足，制约了相关产业的壮大与发展；②缺乏高水平新产品应用示范测试平台，作为新兴材料，液态金属产品在各领域的应用需要漫长的验证测试；③诸多液态金属科研成果并没有转化与应用，研发的转化效率低、研发周期长，液态金属新技术、新产品、新工艺的研究开发费用高，企业资本金少，难以支撑研发与产业开发持续不断的投入；④缺乏支撑产业快速发展的高端人才队伍，液态金属产业集群所在地云南省各方面环境条件对比发达地区有差距，人才队伍成为制约产业快速发展的一个重要瓶颈。

资料来源：谢建新，李元元，魏炳波. 中国新材料产业发展报告(2021). 北京：化学工业出版社，2022

参考文献

[1] 俞立平，潘云涛，武夷山. 学术期刊综合评价数据标准化方法研究 [J]. 图书情报工作，2009，53(12)：136-139.

[2] 刘睿远，刘雪立，王璞，等. 基金论文比作为科技期刊评价指标的合理性——基于SCI数据库中眼科学期刊的实证研究 [J]. 中国科技期刊研究，2013，24(3)：472-476.

[3] 萧鸣政. 人才评价机制问题探析 [J]. 北京大学学报(哲学社会科学版)，2009，46(3)：31-36.

[4] 沈育英. 科技论文英文摘要的特点及写作 [J]. 中国科技翻译，2001(2)：20-22.

[5] 叶继元，朱强. 论文评价与期刊评价——兼及核心期刊的概念 [J]. 学术界，2001(3)：72-80.

[6] 赵永庆，葛鹏，辛社伟. 近五年钛合金材料研发进展 [J]. 中国材料进展，2020，39(Z1)：527-534，557-558.

[7] 王琪. 撰写文献综述的意义、步骤与常见问题 [J]. 学位与研究生教育，2010(11)：49-52.

[8] 谢曼，干勇，王慧. 面向2035的新材料强国战略研究 [J]. 中国工程科学，2020，22(5)：1-9.

[9] 屠海令，张世荣，李腾飞. 我国新材料产业发展战略研究 [J]. 中国工程科学，2016，18(4)：90-100.

[10] 肖宏. 冲刺“世界一流科技期刊”必须练就四大能力[J]. 科技与出版，2019(10)：29-34.

[11] 吉力强，陈明昕，顾虎，等. 轻稀土资源现状及在新能源汽车领域的应用 [J]. 中国稀土学报，2020，38(2)：129-138.

[12] 李敏，陈洪捷. 不合格学术型硕士研究生学位论文的典型特征——基于论文抽检专家

评阅意见的分析［J］. 学位与研究生教育，2017(6)：50-55.
［13］索传军，盖双双，周志超. 认知计算——单篇学术论文评价的新视角［J］. 中国图书馆学报，2018，44(1)：50-61.
［14］张飞，高正江，马腾，等. 增材制造用金属粉末材料及其制备技术［J］. 工业技术创新，2017，4(4)：59-63.
［15］朱源. 论文写作规范与研究生学术研究能力［J］. 外语与外语教学，2003(7)：25-27.
［16］《中国科技期刊发展蓝皮书(2021)》编写组.《中国科技期刊发展蓝皮书(2021)——开放科学环境下的学术出版专题》内容简介［J］. 中国科技期刊研究，2021，32(12)：1477-1480.
［17］鲁玉妙，鞠建伟. SCI 论文学术质量指标与评价模型研究［J］. 科技管理研究，2012，32(23)：71-74，79.
［18］索传军，盖双双. 单篇学术论文的评价本质、问题及新视角分析［J］. 情报杂志，2018，37(6)：102-107.
［19］刘新民. 再谈英语论文写作规范［J］. 外语与外语教学，2001(4)：30-32.
［20］蔡基刚. 中国非英语专业本科生研究论文写作问题研究［J］. 外语教学理论与实践，2017(4)：37-43.
［21］马小芳. 新国标《学术论文编写规则》解读［J］. 中国标准化，2024(2)：136-140.
［22］《中国科技期刊发展蓝皮书(2023)》内容简介［J］. 中国科技期刊研究，2024，35(1)：137-141.
［23］张聪敏. 铈与铋系光催化材料的制备改性和固氮性能研究［D］. 哈尔滨：哈尔滨工业大学，2020.
［24］娄玉钤，杨本华. 学术论文编写规则及常见问题分析［C］//中华中医药学会. 二零一三年编辑出版年会暨慢病防控优秀论文汇编.《风湿病与关节炎》杂志编辑部，2013：8.
［25］黄一心. 怎样写好医学论文［C］//中国科学技术期刊青年编辑学会. 第 4 届中国科技期刊青年编辑学术研讨会论文集. 中国血吸虫病杂志防治编辑部，2004：5.
［26］施富强. 矿山数字化建设战略与战术研究［C］//中国力学学会工程爆破专业委员会. 中国力学学会工程爆破专业委员会 2013 年年度工作会议暨学术交流会论文集. 四川省安全科学技术研究院，2013：4.
［27］陈文文. 中国高新技术企业技术创新效率的测算与影响因素研究［D］. 南京：南京财经大学，2022.
［28］朱嘉琪. Inconel 625 激光增材制造表面超声抛光加工性能研究［D］. 大连：大连海事大学，2021.
［29］李阳. 失控与调控：澎湃新闻网对人工智能风险的议题建构研究［D］. 长春：吉林大学，2023.

[30] 詹媛. 我国科技论文数量质量显著提升[N]. 光明日报, 2022-08-26(001).
[31] 李晓萍, 王丽, 李耀芳, 等. 医学论文中摘要的撰写方法及注意的问题 [J]. 深圳中西医结合杂志, 2005(3): 190-192.
[32] 张丽霞. 冶金类期刊中几个常用物理量及其单位的用法商榷 [J]. 编辑学报, 2005(6): 460-461.
[33] 胡庚申, 申云桢. 英语论文的写作与发表例谈: 投稿策略 [J]. 科技与出版, 2007(9): 34-37.
[34] 于永鹏. SCI论文写作需注意的几点细节 [J]. 科技导报, 2012, 30(10): 82.
[35] 牛冬静, 闫淑萍. 化工科技论文撰写常识(二)——化学式及数学式的表达及要求 [J]. 河北化工, 2012, 35(12): 77-80.
[36] 张婷. 科技论文写作需要注意的若干问题 [J]. 治淮, 2016(7): 51-52.
[37] 聂兰英. 临床研究论文引言撰写问题分析 [J]. 科技与出版, 2021(11): 127-132.
[38] 温彩霞. 从编辑视角浅议学术论文写作常见误区 [J]. 新闻世界, 2022(1): 69-72.
[39] 徐琳, 刘玮琳. 高速磁浮列车试验厂房的施工安全影响因素研究 [J]. 宁波工程学院学报, 2022, 34(1): 32-37.
[40] 黄琳, 何亚兰, 程红, 等. 云南新材料产业知识产权运营提升路径研究 [J]. 世界有色金属, 2022(4): 146-148.
[41] 章诚, 张爱梅, 周丽娟. 画龙点睛: 学术论文关键词的科学选取 [J]. 编辑之友, 2015(9): 73-76.
[42] 周桂莲, 李桂丽. 科技期刊主编应如何提高科技论文的写作质量 [J]. 编辑学报, 2006(5): 355-356.
[43] 涂崇民, 张晓丰. 高校科技人员评估体系中的问题浅析 [J]. 科研管理, 2010, 31(S1): 48-53.
[44] 任锦. 研究生英文科技论文写作及投稿应注意的几个问题 [J]. 研究生教育研究, 2013(6): 61-65.
[45] 崔腾宇. 对2004—2013年我国网球项目学术文献计量研究[D]. 北京: 北京体育大学, 2005.
[46] 王秦玲, 林大雄, 王跃军. 医学期刊参考文献表中常见的问题及对策 [J]. 西北国防医学杂志, 2001(1): 72-73.
[47] 关开澄. 基于编辑实践的科技论文投稿策略 [J]. 科技与出版, 2005(5): 10-11, 81.
[48] 毛曦. 论文写作中的学术素养——学术论文写作教育中值得重视的几个问题 [J]. 文化学刊, 2011(3): 156-160.
[49] 王前, 李丽. 科技人才评价导向的若干误区与调整对策 [J]. 科学与社会, 2016, 6(4): 29-36.
[50] 李强, 周少雄, 曾宏. 全球新材料产业发展态势 [J]. 中国经济报告, 2018(7): 67-70.
[51] 干勇. 关键基础材料的发展及创新 [J]. 钢铁研究学报, 2021, 33(10): 997-1002.

[52] 董敏，胡启阳，李新海，等. 废旧磷酸铁锂电池高值回收制备磷酸铁锂材料［J］. 中国有色金属学报，2023，33(5)：1601-1610.

[53] 赵致先，闫鹏飞，吴捷，等. 增材制造镁合金的研究现状与展望［J］. 中国有色金属学报，2023，33(9)：2753-2773.

[54] 何雪. 科技论文写作中的常见问题与建议［J］. 学报编辑论丛，2008，16：91-94.

[55] 王立梅，王立峰，李巍. 论学位论文文献的实用收集原则［J］. 学位与研究生教育，2006(12)：31-32.

[56] 墨柯. 锂离子电池隔膜产业发展现状及趋势分析［J］. 新材料产业，2013(1)：4-9.

[57] 钟细军，殷景霞. 高效发表科技论文的写作方法与技巧［J］. 科技与出版，2014(2)：56-59.

[58] 高抒，张红霞. 写作 SCI 论文的规范［J］. 学位与研究生教育，1999(2)：67-68.

[59] 彭寿，洪伟，秦旭升，等. 我国信息显示关键材料发展战略研究［J］. 中国工程科学，2022，24(4)：85-93.

[60] 徐红星，赵鸥. 浅析科技期刊作者如何提高投稿的初审通过率［J］. 科技与出版，2013(12)：112-114.

[61] 陈钰明，陈善元. 浅谈科技论文写作方法与技巧［J］. 科技传播，2021，13(18)：37-40.

[62] 牌艳欣，周彦廷. 生态位理论视角下学术论文影响力评价研究［J］. 情报理论与实践，2022，45(12)：119-127，145.

[63] 艾诚，赵鑫博，陈曦，等. Hf 含量对 $CoCrFeNiHf_x$ 共晶高熵合金显微组织与摩擦性能的影响［J］. 中国有色金属学报，2023，33(9)：2850-2860.

[64] 左淮文. 核电用 E308L 焊条性能和冶金机理的研究［D］. 镇江：江苏科技大学，2013.

[65] 杜洁. 生物医学外文电子期刊质量研究［D］. 北京：中国人民解放军军事医学科学院，2006.

[66] 李翠荣，王燕，牟亚伟. 基于医师的多元化发展态势——谈 21 世纪医师的信息素质培养［J］. 医学信息，2005(7)：772-775.

[67] 黄炜，安碧丽. 金属材料强度、塑性和冲击韧性的规范化表达［J］. 中国科技期刊研究，2007，18(2)：338-339.

[68] 林静. 科技英语论文写作原则［J］. 江苏教育学院学报(社会科学版)，2010，26(1)：133-136.

[69] 付力，黄粉保，何静宜. 学术论文英文摘要写作与翻译的规范性研究［J］. 科技信息，2010(12)：40，43.

[70] 鲁翠涛，赵应征，郑俊海. 编辑在科技期刊质量控制和学术不端行为防范中的主动作用——一篇国际论文投稿的体会［J］. 编辑学报，2013，25(6)：609-611.

[71] 冶丹丹. 科技期刊嵌入的多重复合科技创新生态系统研究［J］. 中国科技期刊研究，2020，31(11)：1281-1288.

[72] 白丽媛，杨芳，张公鹏. 我国“互联网+期刊”研究现状与发展探析［J］. 科技与出版，

2020(12)：71-80.

[73] 干勇. 运载交通工具与冶金材料产业发展[J]. 现代交通与冶金材料，2021，1(4)：6-13.

[74] 马慧明. 学术期刊编辑视角下研究生写作论文的要求 [J]. 传播与版权，2020(7)：64-66.

[75] 印波，邓莉泓.《学术出版规范期刊学术不端行为界定》的规范效力、内容评价及其适用推广——以科研诚信法治化为视角 [J]. 出版发行研究，2022(1)：54-60.

[76]《中国科技期刊发展蓝皮书(2022)——数字经济时代的学术出版与交流平台专题》内容简介 [J]. 中国科技期刊研究，2023，34(7)：962-966.

[77] 唐翠柳. 体育学位论文英文摘要的撰写分析[D]. 湘潭：湖南科技大学，2013.

[78] 王惠勇. 多策略关键词抽取及快速文本主题分类研究[D]. 沈阳：东北大学，2012.

[79] 苑勇业，孙文. 康洁灵的消毒实验：茶餐具·物体表面·垃圾·压舱水 [J]. 中国国境卫生检疫杂志，2000(3)：157-158.

[80] 钱金娥. 科技论文的写作格式及规范简介 [J]. 河北林业科技，2007(6)：42-43，48.

[81] 马英霞，李学良. 化学类论文中溶液组成的规范表达 [J]. 编辑学报，2008(1)：38-40.

[82] 吕有勇. 办好学术期刊是我国科学和技术创新体系建立的重要环节 [J]. 中国科学基金，2008(3)：159-161.

[83] 邓中山. 蓬勃发展的液态金属新工业 [J]. 科学，2022，74(2)：31-34，4.

[84] 崔珠殷，李淑波，付军健，等. 晶粒尺寸对生物医用 Mg-3Zn-0.2Ca-0.2Mn 合金降解行为的影响 [J]. 中国有色金属学报，2023，33(3)：665-677.

[85] 蔡敬羽. 开放科学背景下学术期刊出版创新研究[D]. 武汉：武汉理工大学，2020.

[86] 张楠. 研究生学术不端问题研究[D]. 石河子：石河子大学，2014.

[87] 陶范. 科技论文层次标题的拟定 [J]. 编辑学报，2005(3)：185-187.

[88] 刘志壮. 科技论文写作的技巧与规范 [J]. 湖南科技学院学报，2009，30(5)：210-212.

[89] 吴开明，常健菲，李显筑，等. 通络化浊法治疗糖尿病足临床研究 [J]. 中医学报，2017，32(3)：365-367.

[90] 张坤，陆驰，冯雪，等. 研究生科技论文规范化写作现状调查及对策分析 [J]. 西南林业大学学报(社会科学)，2018，2(5)：92-94.

[91] 李忠. 研究生学术写作与训练的困境及其纾困——基于学位论文写作规范问题的分析 [J]. 学位与研究生教育，2022(4)：12-19.

[92] 郭海燕. 规范学位论文写作 提高学术质量水平 [J]. 中国高等教育，2003(7)：29-30.

[93] 崔涛. 大型涡扇发动机低压涡轮的气动设计及相关问题研究[D]. 哈尔滨：哈尔滨工业大学，2013.

[94] 宋如华. 帮助研究生突破学术论文“引言”写作关 [J]. 学位与研究生教育，2009

(10)：42-44.

[95] 张红，程建霞，刘彤，等. 高校教师和研究生发表论文的动机与投稿取向 [J]. 编辑学报，2009，21(3)：247-248.

[96] 崔建军. 论文文献综述的地位、写作原则与写作方法——以经济学专业论文写作为例 [J]. 唐都学刊，2014，30(5)：117-121.

[97] 吴艳妮，周春兰. 中外 Top 生物医学期刊稿约及投稿系统中论文伦理审核现状研究 [J]. 中国科技期刊研究，2019，30(10)：1059-1065.

[98] 于万锁. "以写促学"提高理工科博士生英语科技论文写作能力 [J]. 学位与研究生教育，2015(4)：41-45.

[99] 谭骏. 海洋人才现状分析及评价体系研究[D]. 青岛：中国海洋大学，2008.

[100] 陈竹，王华菊，金丹. 做好审稿、编辑加工与校对，提升论文学术质量 [J]. 编辑学报，2011，23(S1)：86-89.

[101] 杨配力，张存雪，苑修太. 小儿支原体肺炎湿热致病论 [J]. 中医儿科杂志，2016，12(4)：22-24.

[102] 张银凤，高嵩，尹春霞，等. 学术论文中关键词的选取与常见问题分析 [J]. 黄冈师范学院学报，2019，39(6)：223-227.

[103] 曹宏霞. 我国科技人才资源开发与管理的理论研究[D]. 武汉：华中师范大学，2006.

[104]《关于深化改革 培育世界一流科技期刊的意见》内容摘编 [J]. 编辑学报，2020，32(4)：360.

[105] 汪德根. 阅文生思：文献是学术思想的源泉——基于高铁旅游研究视角 [J]. 旅游导刊，2019，3(5)：15-26.

[106] 胡彦波，黄崇亚. 学术期刊的退稿工作及焦点问题探究 [J]. 传播与版权，2021(5)：30-32.

[107] 杨静，张龙宵，李云霞，等. 肾脏双相型乳头状肾细胞癌的临床病理及分子学特征 [J]. 临床与实验病理学杂志，2022，38(8)：915-919.

[108] 郭英. 专业论文写作和期刊投稿应注意的几个问题 [J]. 图书馆学刊，2022，44(10)：36-39.

[109] 耿斐，朱志鹍，张晓. 编辑视角的科研论文投稿成功率及时效性分析 [J]. 传媒论坛，2023，6(2)：93-96.

[110] 李承波，肖博，邓运来，等. 四种航空用高强铝合金厚板的淬透性 [J]. 中国有色金属学报，2023，33(5)：1425-1433.

[111] 杜宇航，李广建，王玲，等. 富氧底吹熔炼渣保温沉降过程铜物相成分及形态演化 [J]. 中国有色金属学报，2023，33(7)：2257-2267.

[112] 关于学术不端稿件的认定标准和处理办法 [J]. 粮食科技与经济，2023，48(5)：125.

[113] 贾雷，崔衡，杨树峰，等. 新型镍基 GH4151 高温合金 ESR 数值模拟及工艺优化 [J]. 中国有色金属学报，2023，33(9)：2873-2889.

[114] LetPub 编辑. SCI 写作中易混淆、滥用的单词和短语[EB/OL]. 2017-12-12. http://blog.sciencenet.cn/blog-1232242-1089253.html.

[115] 李东风. 期刊学术不端行为界定行业标准出台[EB/OL]. 2019-07-25. http://blog.sciencenet.cn/blog-729911-1191017.html.

[116] 王德华. 学术论文如何署名?[EB/OL]. 2008-05-09. http://blog.sciencenet.cn/blog-41757-24664.html

[117] 于法标. 论文的标题、摘要与引言基本要求[EB/OL]. 2019-07-27. http://blog.sciencenet.cn/blog-2438823-1191262.html.

[118] EditSprings 编辑. 提升论文硬核实力之"如何避免图表绘制的雷区"[EB/OL]. 2019-06-19. http://blog.sciencenet.cn/blog-3297845-1185784.html.

[119] LetPub 编辑. 投稿前，先以审稿人的视角评估稿件质量[EB/OL]. 2017-09-27. http://blog.sciencenet.cn/blog-1232242-1077937.html.

[120] 冯长根. 论文评价，唯有"影响因子"?[EB/OL]. 2016-11-29. http://blog.sciencenet.cn/blog-528739-1017470.html

[121] Enago 英论阁. 究竟谁该被列为作者?——几种特殊的作者类型[EB/OL]. 2017-12-18. http://blog.sciencenet.cn/blog-681387-1090292.html.

[122] 任胜利. 科技写作漫谈(2)：选择拟投稿期刊[EB/OL]. 2008-03-12. http://blog.sciencenet.cn/blog-38899-17914.html.

[123] 于叶强. 国内外学术期刊常识大科普[EB/OL]. 2019-03-04. http://blog.sciencenet.cn/blog-3410554-1165660.html

[124] 吴月辉. 对学术不端"零容忍"(专家观点)[N]. 人民日报, 2018-12-03(20 版).